U0016218

塗鴉吧！
用視覺模板
翻轉人生

邱奕霖/著

6種框架×4個步驟，
學習、工作、
時間管理全搞定

目錄

出發吧！展開你的視覺旅程

以終爲始，視覺筆記的起點

提取重點，與資訊發生關係

設計你的筆記架構

推薦序：
Let's Go，圖像筆記讓你 精準學習、整理人生

宋怡慧

　　過去，我總認為畫畫是藝術家的事，直到有人提出：「未來的文盲將不再是不識字的人，而是不了解圖像的人。」我開始正視用「圖像」整理人生的重要性。邱奕霖告訴你，你不需要高超的繪畫技巧，才能開始使用「視覺模板筆記法」，他用心為讀者設計客製化心法模板，讓你能按圖索驥地實踐於各種面向，例如：學習、工作、時間管理……等，讓你不用擔心在AI時代會被機器人取代。圖像思考帶來的生活關鍵力，是讓你擁有思考的深度與廣度，解決問題，並且讓你無痛、無感地產出質量皆美的筆記作品。

　　艾德格・戴爾（Edgar Dale）在學習金字塔理論（Cone of Learning）提到：透過純閱讀和聽講的學習，日後能夠記得或是使用的內容可能不到兩成。但是，若能帶著思考，加入圖像與文字實作的產出，就能讓學習記憶保存達八成以上。因此，如何簡化及概念化所學，做出秒懂、好記、有感的筆記，甚至，透過帶著問題意識的筆記，持續走在學習的深化與突破的路上呢？我想《塗鴉吧！用視覺模板翻轉人生》應能引領讀者重新詮釋另一種學習型態的創新風貌。

這本書是邱奕霖多年來在圖像化教學揮汗耕耘，微笑收割的新作，所謂「台上十分鐘，台下十年功」，上過奕霖課程的學員都知道他善用蘇格拉底「產婆式」引導的方式授課，運用縝密的運課邏輯，讓學員體現圖像化筆記的精髓與樂趣，稱他是地表最暖心的圖像力教練，是實至名歸的。關於奕霖在圖像化教學的心法與技術，運用範疇之大，功力之純熟，我是完全真心佩服的。只要一枝筆、一張白紙，跟著奕霖書中的步驟去實踐，你就能做出一份讓思考可見的圖像化筆記。

　　《塗鴉吧！用視覺模板翻轉人生》讓你帶著思考可見的問題意識做筆記，你會發現：奕霖特製的視覺模板在每個章節系統化的設計與編排，讓你step by step，秒學會「作筆記」的訣竅，甚至輕鬆上手，愛上這套視覺模板的筆記技法。同時，奕霖不藏私地陪伴讀者拔高「作筆記」的視野，從圖像搭配文字到模板，循序漸進地融合三個關鍵元素，打造完美的視覺模板筆記。它是第一套巧妙融合理論和實務經驗的圖像化筆記書，讓讀者透過閱讀的歷程，無縫接軌地把「作筆記」需要具備的三大能力，統統都完整打包了。相信自己，只要根據書中提到的：善用分類圖、矩陣圖、交集圖、流程圖、階層圖，輔以四大步驟，再透過筆記心法不斷地練習，不只能變成筆記達人，還能援引自身的生活經驗，串聯出突破局限的人生思考術！

　　Let's Go，讓我們跟著視覺模板大師學習，你就能快速掌握圖像思考的筆記術，不只逐步搭建抽象思考力，還立馬擁有圖像敘事的能力，並讓圖像筆記廣泛地應用到其他生活範疇，做任何事情都更事

半功倍！《塗鴉吧！用視覺模板翻轉人生》專業開展讀者思考、溝通、表達三種模式的延伸，並掌握重要資訊與概念，快速精準地打造吸睛、有趣、好用的筆記，讓我們獲得不同於他人的嶄新洞見，進而運用於生活，找到學習獨特的新穎啟發，邁向獨立思辨的美好人生。

（本文作者為作家、丹鳳高中圖書館主任）

推薦序：
開始畫畫吧！

何則文

「畫畫？又不是小朋友？都已經一把年紀，還要學畫畫？」你心裡或許這樣想過，但其實，用視覺化整理你的工作生活，將有可能翻轉人生！

每個上過我帶領的課程或工作坊的伙伴，都一定會參與到畫畫的環節，因為我很相信繪畫的力量。比起文字，繪畫過程中你需要構思的成分更多，才能把訊息具像化。而在這個過程中，你的想法也會重新組織過，變得更有結構跟邏輯性。

跟奕霖老師認識這麼久，每次看他的作品都讓人驚嘆萬分。圖像把知識變得如此生動，更加容易吸收。圖像思考能帶來的好處不只是能畫出美美的筆記，甚至可以讓你的思維模式更新，變得更加聰明。

我們都知道大腦具有可塑性，就像肌肉一樣，可以越練越強。神經元的突觸可以經過各種鍛鍊而增加連結，這也讓你對於訊息的處理跟整合更加迅速。繪畫就是一種很好的訓練，透過繪畫，視覺感知、認知抑制、左右腦協作能力都能得到提升。

許多好學的伙伴都有做筆記的習慣，但筆記做了一堆，很多時候就是記過去了，要不就是回頭看的時候看不懂，或者看完也記不

住。要解決這些問題，你手中的這本書就是答案！奕霖老師用他多年的經驗，萃取累積了數十種思維模板，讓你思緒不再亂糟糟。

　　不要怕畫得醜，奕霖老師告訴我們，把思維視覺化不是要你創作當畫家，而是學會用圖像溝通。畫不出擬真的人物，火柴人就足夠讓你表達了！而人是視覺的動物，我們都知道，臉書的貼文加上圖片會吸引更多關注。在繪畫的過程中，你也能創造出屬於你全新的可能。

　　所以還在等什麼？跟著奕霖老師一起塗鴉吧！畫出你的燦爛人生。

（本文作者為職涯實驗室創辦人、暢銷作家）

推薦序：
用視覺筆記展開你的圖像旅程

林長揚

你聽過「人是視覺的動物」這句話嗎？

相較於繁複的文字，簡潔又精美的圖片往往會更吸引我們的注意力，我也很愛把各種圖像與icon運用在簡報與懶人包中，因為這能幫助作品更吸睛並且讓讀者更容易理解內容。而對大多數人來說，觀看圖像是很輕鬆愉快的事情，但輪到自己親手創作時，很多人就會卡關，我當年也有過這種慘痛的經驗。

2016年我參加了由享譽國際的視覺大師 Kelvy Bird、Alfredo Carlo、Jayce、Ripley 舉辦的「視覺創新實踐工作坊」，當時完全沒有視覺記錄的基礎與經驗，只憑著好奇與興趣就報了名。

我永遠記得第一天課程剛開始沒多久，我就受到好大的衝擊！當時大師們邀請大家動筆畫出自己的視覺記錄，周遭同學一聽到要畫圖馬上拿出各種專業工具，而且非常快速的開始動筆，只剩下我一個人還傻傻站在那邊。畫圖的過程中我看向四周，天啊，每個人的作品都超級厲害！

問了幾個人才發現原來同學們都是從事圖像相關的工作，而且經驗都非常豐富。我頓時覺得自己就好像誤闖高手叢林的小白兔一

樣，壓力瞬間爆表。這造成我在進行各種練習時很綁手綁腳，一直擔心畫出來的東西比不上人家，因此我當時很痛苦，壓力也很大，而Kelvy Bird老師發現了我的狀況。

Kelvy對我說：「我能理解你的痛苦，我一開始也是如此。但別忘了我們創作圖像是為了幫助溝通，不是要做成藝術品放到美術館裡。」這樣簡單的幾句話讓我擺脫原本的窠臼，更給了我很大的信心，開始自在享受第二、三天的課程並且完成各種練習，也開始把圖像運用在自己的手稿、筆記或是作品中。

後來我發現有許多人跟我面臨一樣的困境，不是不想畫，而是不敢畫！如果你也想嘗試視覺圖像筆記，但又怕自己畫不好或怕被人笑，在這裡跟你分享三個想法，希望能幫上你的忙：

1. 我們天生就會畫：還記得嗎？小時候都會自然而然地隨意畫圖，只是長大後怕畫不好而封印了這個技能。如果我們都喜歡看圖，也同意圖像可以促進溝通，何不給自己一個機會重拾畫筆呢？

2. 想想為何要畫：推薦你在動筆前先想想自己的目標，是上完一堂很棒的課想留下紀錄幫自己複習？還是讀完一本書覺得很讚想跟大家分享？不同的目標會影響你怎麼抓重點、寫文字、畫圖像，以終為始的反推自己該怎麼做，就能踏出很棒的第一步囉！

3. 把畫圖融入生活：當你開始踏上圖像的旅程，不用強迫自己一定要產出一個完美的「作品」，我們可以先從日常生活做起，例如幫待辦事項搭配個小圖，或是在規畫出遊時把行程畫成流

程圖等，都可以幫助你習慣創作圖像唷！

最後我想跟你說，畫畫並不可怕，可怕的是愛比較的心態。讓我們一起開始練習視覺筆記，藉由畫畫提昇我們的思考與產出能力，有效解決人生大小事吧！

（本文作者為簡報教練、企業訓練培訓師）

推薦序：
這就是你在找的那本書！ 張忘形

翻開這本書的你，也許對於筆記有興趣吧？不知道大家平常有沒有做筆記的習慣呢？如果偶爾有，可以想想我們打開筆記重新溫習和回顧的頻率大概有多少呢？

我不知道大家的情況，老實說我自己的頻率非常非常低。因為很多時候我很認真地寫，但回頭看的時候常常有看不懂的情況。所以我都安慰自己，寫筆記就是幫助自己集中精神，也創造肌肉記憶啦！

但當我認識本書的作者小邱老師之後，實在驚為天人。因為當課程上完後，他就能夠畫出一張圖來，上面不只滿滿的圖，也有老師剛剛講過的重點、知識點，甚至完整流程。然後你就看著大家猛拍照，爭先恐後的上傳社群媒體，覺得老師實在太神。

後來我也邀請他來我的課程製作紀錄，本來以為七小時的課程很長，加上很多內容和想法，不知道會不會對他造成困擾。但課程結束後我看著牆上的塗鴉，又再度佩服得五體投地。

雖然覺得厲害，但當時身為畫畫苦手的我總覺得自己做不到。不過看完這本書後，我發現其實不是做不到，只是缺乏方法。而這些方法，都在書裡不藏私地告訴你了。

例如我們常會覺得，啊老師說的這麼多，到底什麼是重點。書中就跟你分享了提取重點的方式，如何讓資訊變得跟自己有關係。

但當有了重點後，我們也許不知道該怎麼呈現，所以本書也傳授你六種圖解方式，讓你用不同的圖來搭配文字，就能馬上秒懂。

而當開始畫了之後，我們可能會擔心整體構圖該怎麼辦，會不會哪個地方太大太小，該怎麼留空位？這個部分也可以透過架構，從一開始就好好規畫，讓你得心應手。

但畫圖總不能一成不變，所以書中還教了圖文轉換的方法，透過案例演示、關鍵字的互動、情緒的轉換等等，讓你擁有更多變化，增加吸睛度。

很驚喜的是，這本書看到最後居然看到了自己，原來我被歸類到知識圖解的範圍，老實說我不敢說我是圖解知識，我只是發現了原來比起文字，圖像的吸收率更好，也更容易在社群上被傳播而已。

為什麼容易被傳播呢？因為一般人對圖像的理解更快，記憶力也更深。當你思考某個畫面時，往往能從畫面中想到許多重要的關鍵字，這也就是塗鴉筆記的魅力。

而更重要的是，筆記只是一個入口，如果你在找一本書，希望提升筆記的精準度，還能更快拆解出老師／文章／影片的重點內容、資訊處理的關聯性、訊息架構的邏輯性，還有把文字變為圖像的能力，那麼不要懷疑，這就是那本書。

期待我們都能夠用圖像化的思考，幫助筆記與人生都變得更好。

（本文作者為溝通表達培訓師、作家）

推薦序：
世上最熱血的事，
就是光明正大地塗鴉！

歐陽立中

　　時間回到四年前，那時我有一場演講。演講前幾天，臉書收到一串訊息，原來是奕霖傳來的。那時我還不太認識他，他說他是「視覺筆記教練」，擅長用圖像的方式拆解知識。他看到我有演講，自願來幫忙，想為當天演講畫張「視覺筆記」。那時我也搞不懂什麼是「視覺筆記」，問他大概要花多久，我猜想這是個大工程，可能至少一個月吧！沒想到他告訴我：「你演講完，我的視覺筆記就畫完了！」可想而知我當時的震驚，怎麼可能？

　　演講當天，我看見奕霖就在牆壁貼上白色海報紙，氣定神閒地拿出他的色筆。我在講台上賣力開講，奕霖拿起色筆，就在海報紙上邊畫邊寫。你以為他在塗鴉，但卻有一目了然的流程圖、階層圖、矩陣圖；你以為他在做筆記，卻又有可愛療癒的饅頭人和小動物。我演講完，奕霖還真的也畫完了！

　　聽眾先是沉浸在我的演講，接著轉頭一看，看見奕霖五彩繽紛的「視覺筆記」，演講畫面在腦中重新播放，當下的震撼與感動難以言喻。紛紛拿出手機，拍下視覺筆記，也跟視覺筆記合照。那天，奕霖的視覺筆記成為了打卡聖地。

我們彷彿看了一場塗鴉魔術秀，一直想知道他是怎麼辦到的？奕霖像是聽到我們的呼求，竟然把他的塗鴉魔術手法公諸於世，寫出你手上的這本書《塗鴉吧！用視覺模板翻轉人生》。

你習慣做筆記嗎？又是怎麼做筆記的呢？筆記真的會幫你記住嗎？我以前習慣條列式筆記，一字不漏地把我看到聽到的知識記下來。但常常跟不上講者的速度，或是重看時不知該從何看起。直到讀了奕霖的書，我才發現圖像引導的重要，就像書裡提到：「大腦處理圖像的能力比處理文字快六萬倍！」也就是說，如果能用圖像搞定，千萬別用文字絮絮叨叨。從受眾溝通的角度更是如此，尤其，現代人平均注意力從過去的十二秒縮短為八秒，發文不配圖，就別怪別人轉身離開。

當然，奕霖從上百場的圖像培訓經驗裡，發現多數人對視覺筆記卻步的最大原因是，覺得自己畫不好。奕霖一句話突破你的盲點：「畫圖真正的目的在於溝通。」再用一道公式點燃你的自信：看懂＝輪廓＋特徵。我認為，這是本書最動人的地方，奕霖不是自顧自地宣揚視覺筆記的好，他能同理你的擔憂、理解你的膽怯。帶我們換個框架，重新定義視覺筆記，讓你擁有嘗試的勇氣。

我特別喜歡書裡呈現的「大局觀」，視覺筆記的三個原則是：綜觀全局、掌握關聯、設計行動。所以千萬別誤會，這本書不是教你怎麼畫得像，而是教你如何把複雜資訊簡單畫。最精采的就是書裡傳授了「六大圖解框架」：交換圖、分類圖、矩陣圖、交集圖、流程圖、階層圖。讓你往後面對世界，「先見林，再見樹。」才不會迷失在錯綜複雜的森林雜訊之中。

最後，這本書名叫《塗鴉吧！用視覺模板翻轉人生》看起來在激勵你，但我知道，其實是奕霖給自己的人生注解。四年前，我們都有一份穩定的工作，演講寫作是我的業餘，視覺筆記是他的兼職。但如今，我們都辭去穩定的工作，展開波瀾壯闊的冒險人生。視覺筆記成了他的一生懸命！這本書讀下去，你會學到視覺筆記的技巧，也會感受到奕霖對圖像的熱愛。就在那一刻，你會聽見轟隆的一聲，對，那正是人生翻轉的聲音。

　　恭喜你，和我們一塊並肩前行。從此，塗鴉不必躲躲藏藏，因為世上最熱血的事，就是和奕霖光明正大的塗鴉！

（本文作者為暢銷作家、爆文教練）

推薦序：
善用視覺筆記與圖文溝通，
打開通往世界之窗

鄭緯筌

有句俗諺說：「一圖勝千文。」不知道你聽過沒？老實說，這話聽在專門教文案寫作的我的耳裡，總覺得有點兒淡淡的哀傷。但我不得不承認這番話的確有其道理——即便身為一位資深的文字工作者，我還是必須順應時代的趨勢與潮流，提醒自己要走出舒適圈，大膽地擁抱圖文和影音的世界。

雖然平時很習慣透過文字來溝通表達，但現在我也開始運用圖像思考的方式，加強圖文創作與不同媒材的方式來與外界對話。

年輕有為的邱奕霖老師是我的臉書好友，因為同在「塗鴉吧！用視覺筆記翻轉你的人生」這個臉書社團的緣故而逐漸變得熟稔。後來，又因為2020年底所舉辦的第一屆視覺筆記年會而結緣。

老實說，這個世界上會畫畫的人很多，光我認識的插畫家就不知凡幾。但卻很少看到像邱老師這樣既努力創作，又很積極地推廣視覺筆記和圖文創作的有心人。甚至，他能夠歸納自己的學習經驗，透過臉書社團、電子報以及線上課程等方式有條不紊地輸出有關視覺思考和圖文筆記的相關知識，可說是相當難能可貴。

身為「我愛寫筆記」社群的創辦人，我自己也非常喜歡做筆記。

平時除了使用文字來留下紀錄，最近我也開始試著在筆記本上塗鴉，或是利用iPad來繪製各種視覺筆記，同時也在Mac電腦上設計知識圖卡。

當我涉獵視覺筆記越久，就越覺得這是一門值得學習的技藝，而且有必要推廣給更多的朋友。這一兩年，我不但常從「塗鴉吧！用視覺筆記翻轉你的人生」這個臉書社團獲得靈感，同時也是「視覺化教練奕霖－啟動圖像新思維」這份電子報的忠實讀者。如今，我也越來越習慣使用圖文並茂的方式來傳達自己的觀點、理念與構想，所以我很建議大家一起來試試！

最近很高興知悉邱奕霖老師即將付梓出版他的新書《塗鴉吧！用視覺模板翻轉人生：6種框架×4個步驟，學習、工作、時間管理全搞定》，我也很榮幸地有機會搶先拜讀。

如果你對於圖像思考或是繪製圖文筆記感興趣的話，我很樂意向你推薦這本新書。近年來在本土出版市場上，很少見到相關題材的書籍，即便有類似主題的書籍，也大多都是遠渡重洋而來的翻譯書。更棒的是這本書裡濃縮了很多邱老師自己的創作精華與寶貴經驗，對於台灣讀者朋友們來說，不但接地氣，也更具有參考價值！

（本文作者為《內容感動行銷》《慢讀秒懂》作者、
「Vista寫作陪伴計畫」主理人）

自序：
一場翻轉圖像的思維革命

　　這本書的起心動念要追溯於我的大學教授謝智謀老師，剛出社會頭幾年，有次我回到學校參加系上的成果發表會遇到老師，當時的對話內容其實忘得差不多了，但有句話卻深深烙印在我心中。謝老師知道我一直很喜歡畫圖，簡單寒暄了解我正在從事營隊活動工作時，老師問我：「為什麼你不再畫圖了？」這句話給了我很大的震撼。對啊！為什麼出了社會我就不再畫圖了呢？我也問著自己，但始終沒有答案。

　　然而宇宙似乎聽到了我的疑問，藉由視覺記錄，讓我得以抓住機會重新找回畫圖的樂趣，以及帶給自己與別人幫助。

　　這本書記錄了我人生截至目前為止的視覺旅程，也整合了過去我所閱讀的書籍與實作經驗，在過去人生的三分之二時間裡，我都認為「畫圖＝創作」，必須要畫得很像、很美、有藝術性。直到2016年，我才赫然發現，原來「畫圖除了創作，更大的應用範圍是溝通」，它是一種與生俱來的語言，從此我的繪畫世界瞬間被打開，開始做了各種視覺筆記的嘗試與累積，發現原來每件視覺化應用的背後，都不斷做著同樣一件事。

　　就是「解決問題」！

透過視覺筆記，解決作筆記沒有用、學習效率低落的問題。

透過圖解思考，解決腦袋沒有想法、缺乏個人觀點的問題。

透過視覺溝通，解決缺乏共識、知識詛咒、邏輯不通的問題。

透過視覺模版，解決面對資訊爆炸，無法有效整理資訊的問題。

在人生的冒險故事中，畫圖拯救了我所面臨的大小挑戰，而我也在這幾年的課程與分享中，看見大家對於畫圖的迷思、擔心與困擾。

「如果有一天，每個人都能隨時用畫圖解決大小問題，該有多好啊！」就如同知名電影《功夫》最後的結尾，學習功夫成為日常，融入生活如呼吸般自然，我很期待畫圖也有這麼一天，但願這本書成為這個夢想啟程的第一步。

最後我要感謝我的家人（感謝爸媽從小讓我自由嘗試各種發展，包含現在也是）、這一路上幫助過我的老師、講師朋友、企業及學校單位，還有出版社的邀約促成這本書的誕生。當然最重要是家中最辛苦的老婆，每當我焦頭爛額趕稿時，她都得一個人搞定家中大小事，還有兩位可愛又迷人的寶貝，每次跟他們畫圖聊天，都能帶給我新的靈感與啟發，也感謝正在閱讀這本書的你，希望這本書能帶給你一些收穫，不辜負你的時間與期待。

⬆ 運用視覺模板來做年度規畫，少了制式表格搭配視覺比喻，
更有畫面與共鳴。

前言：
START！我的視覺旅程

　　我是視覺化教練邱奕霖，現任圖像思維學院負責人，也是全台最大視覺筆記社團創辦人，致力推廣「圖像思維應用」，希望讓每個人都能學會用「畫圖」翻轉人生。不過在此之前，我想先分享一下自己是如何開啟這趟奇妙的視覺旅程，而過程中我又是如何面對那些挑戰、思維的轉換以及嘗試。

　　首先有幾點前提，先快速讓大家知道：

❶ 我是左撇子，天生有點藝術天分（真的只是「有點」）。

❷ 我從小就很喜歡畫圖（更正確來說，我們全家都還蠻會畫圖的）。

❸ 我從沒參加過正規美術班或就讀相關科系。

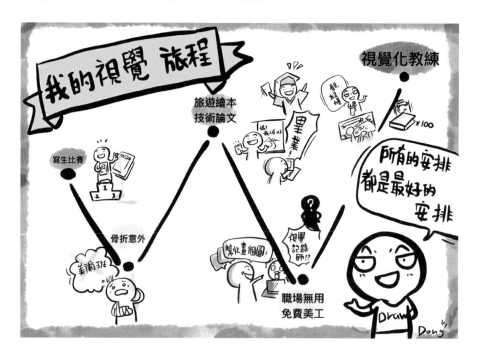

接下來，我想透過這張自我介紹筆記，分成五個階段分享我的故事。

1. 左撇子天生神力，那年我錯過的美術班

從小我參加過不少寫生比賽獲得不錯成績，但天分很快來到了天花板，同時自己也發現對於「把風景畫得很像這件事」越來越沒興趣，甚至寫生作品中開始出現漫畫人物，這樣的方式與獲獎標準是天差地遠。小六時曾經在導師的推薦下報考南崁國中美術班，卻偏偏在術科考試前一週參加母親節路跑比賽，一個恍神被撞倒而手腕骨折，讓我錯過了美術班的考試，或許是老天爺的安排吧！從此我也打消進入相關科系的想法。

2. 塗鴉聯絡簿所埋下的視覺記錄種子

「你曾經在課本上塗鴉嗎？」這是我每場研習總喜歡詢問大家的問題，因為這就是我一路走來的學習狀態，國中是繁重課業的開始，我不再參加校外繪畫比賽，但我還是喜歡畫畫，尤其是漫畫，所以開始在課本塗鴉，被老師發現免不了責備，當時我心裡常常出現這樣的疑惑：「有沒有可能，有一天可以光明正大在課堂中畫圖？而且可以幫助學習？」這個心願我一直埋在心中，從沒想過它會成真！

由於實在太常畫課本、考卷，有天我被導師叫到面前聊聊。「奕霖，老師知道你很喜歡畫圖，但畫課本對學習沒有幫助，我希望你不要再畫課本，改在聯絡簿上畫圖記錄班上發生了什麼事，你覺得如何？」當時的我沒多想便接下了這個任務，沒想到卻埋下未來關鍵的轉折點。常有人問我：「老師，為什麼你畫人像這麼快？表情這麼到位？」我想這都要歸功於從國中一年級就開始用圖畫記錄生活，我就這麼持續畫上二十多年，若是你可以持續畫畫，一定也能跟我一樣又快又精準。

重點是畫圖記錄生活這個習慣，讓我感受到**用輸出來提升輸入**的威力。為了要畫得出來，無形中就會多練習一些人物畫法與表情；為了要有東西可以畫，對於日常生活的觀察、敏銳度會大幅提升；為了要每天都不一樣，會運用天馬行空的創意與聯想，整合腦中的資訊；為了在有限的空間中畫出來，會學習篩選重點、精簡資訊內容；為了要快速畫出來，會掌握方法、流程，讓自己更有效率。這些技巧未來套用到寫作、表達、簡報、錄音等範圍都同樣適用，所以真心推薦大家從小建立一個自己喜歡的輸出形式，會帶給你很大的累積與收穫。

就這樣時光飛逝來到國三的畢業典禮，本來想把這些聯絡簿拿去回收，沒想到班導師卻希望我送她作為畢業禮物，對於圖像記錄價值的肯定，我想是從這裡開始的。

後來在南崁高中畢業後進入國立體育大學，雖然念的是休閒產業經營學系，似乎與我目前視覺化教練的身分天差地遠，但回頭看看會發現，其實我一直走在一條名為「教育」的路上。

3. 峰迴路轉，靠畫圖畢業

畫圖在我的大學時期又扮演了什麼角色呢？擁有更多自由時間與空間的我嘗試畫插圖、設計 T 恤、畫網帽、塗鴉牆壁、經營圖文部落格，不過這階段「想證明自己可以做到」的成分多一點。畢業必須完成上萬字的畢業論文，除了文字惱人，還要做問卷跑統計，光想就頭痛！很幸運當時的指導教授雲龍老師提出一個建議──技術論文，這個可能性讓我開心極了，於是我把大三升大四暑假剛結束的美國黃石國家公園打工旅程，歷經兩個月時間製作，用旅遊繪本的技術論文順利畢業了！原來，畫圖不只是記錄生活，還可以幫

我畢業啊！

4. 職場無用，免費的美工！？

退伍後進入救國團負責地方義工經營、公益與營隊活動規畫的工作，這段時間畫圖跟我的工作有什麼有趣的結合呢？老實說並沒有，當主管知道我擅長畫圖，便時常要求我設計海報簡章，宛如免費美工，當下其實挺氣餒的。

後來遇到了林寰總幹事，邀請我透過貴賓人像Q版畫來作為拜會禮物，甚至申請經費採購手繪版，鼓勵我在工作中結合長才，也才有後來我自己營隊的主視覺、漫畫、報到通知單、情境故事等精采成果，原來**限制不存在於現實，而往往是在自己的思維框架中**。

不過雖然找到了繪畫應用在營隊活動的可能性，但面對像是標案企畫、會議、工作管理等業務，這時又看似無用武之地了。這樣卡住的過程延續了好幾年，我的工作也轉換了幾個不同單位。某次因緣際會下，我在網路上看到「視覺記錄工作坊」的資訊，想都沒想立刻報名，也因此帶我進入了全新的世界。

5. 夢想職業登場，現實的考驗

當天的工作坊是由「享畫工作室」的魯美辰與周汭兩位老師舉辦，讓我大開眼界，打破我對畫圖的既有框架。原來還有一種職業叫做「視覺記錄師」，在國外已經發展逾十年，當下真有種平行時空的詭異感，儘管網路這麼發達，但自己卻從未接觸過，當天便開啟了我往後不間斷的瘋狂學習。

既然知道了關鍵字「視覺記錄」，我開始上網採購相關書籍，從筆記再延伸到圖像思考，接著是圖像溝通、簡報等應用，過程中為了強化學習，我給自己立下一個挑戰：「一年閱讀一百本書，畫完一百張視覺筆記。」順利完成的當下真的很有成就感，但在興奮之後問題也很快浮現，畫完了然後呢？

初學視覺記錄的頭幾年，感謝身邊朋友的邀請，讓我參與了許多課程的即時記錄，但如果要認真以這個為職業，有可能嗎？商業獲利模式是什麼？我又想如何發展呢？當時我仍在職，視覺記錄的出現好像是一顆閃耀的星星，讓我想抓著這顆星星離開不得志的職場環境，但我能去哪裡呢？

圖像應用的理想模樣

2019年我報名了一場為期兩天的視覺記錄引導工作坊，地點在上海，講師是新加坡的視覺引導師Tim，三萬五千元的高額學費著實讓我陷入掙扎，這一趟出國包含機票住宿與學費，五萬元跑不掉，一個多月的薪水就這樣沒了。我也考量過台灣市場小無法單靠這工作存活，要嘛就往動畫、設計專案發展，但這又暴露出我非藝術相關科系的短處，加上討厭重複琢磨繪製同一張圖，最後，抱持著尋找新的突破點，我鼓起勇氣付費報名了！

課程首日就讓我充滿震撼，教室現場除了三面大落地窗的高採光外，周圍貼滿了老師Tim自己手繪的教材、作品、標語，原來教學場域可以這樣，當時我在心中大嘆。不過內心還是出現了不少後悔的聲音，尤其是花了五萬元來到上海學習如何畫圓形、三角形的時候，直到後來我才了解到，歐美許多大師課程都會在一開始花不少時間練習基本功。

隔天，我終於看到視覺工作的理想樣貌。Tim示範了他們如何結合畫圖與客戶溝通，怎麼搭配視覺模板在課堂中使用，當下我體悟到了一個關鍵思維的轉變。過去我們都把畫圖目的放在創作，但其實更廣泛的應用在於溝通，就是這個！我想在台灣推廣的就是這個觀念，我當下興奮地幾乎要跳上桌了，如果說我這輩子想推廣什麼價值，絕對不是教會多少人學習創作視覺記錄作品，**而是幫助多少人了解畫圖的應用不只是創作，更可以用在溝通，而且是可以用來幫助解決問題的關鍵能力。**

充電了兩天，抱持著滿腔熱血回到台灣，開了一期線下沙龍也有不少朋友力挺支持，但過了一個月後，我又卡關了！兩天的學習很豐富，但要把這些觀點知識傳給別人，讓他人理解、認同甚至行動，又是另一回事了，這時幸運地出現了三個事件，帶給我很大的幫助。

❶ 歐陽立中老師邀請我到校與同學分享視覺筆記，這個機會開啟了後續校園翻轉、師生研習的旅程，真的好感謝。

❷ 我在臉書上創辦視覺筆記社團，當時人數雖少，卻是我持續練習分享的平台。

❸ 加入書粉聯盟，開始辦理讀書會。這時我才發現過去讀了那麼多跟圖像相關的書籍，作了視覺筆記卻只停留在「知道」而非「做到」，如同臉書社團名稱「塗鴉吧！用視覺筆記翻轉你的人生」，如何翻轉？**回頭檢視從小到大卡關的時刻與事件，背後相同的本質是「思考」。**

於是我開始堅守兩件事，持續實踐。**第一件是多元嘗試。**一來是有趣好玩，二來是我想看看圖像思維應用的各種可能。所以我開辦了視覺記錄的第一堂線上課程、視覺化讀書會、兒童塗鴉筆記課線上營隊、食農教育經驗萃取合作專案、參加社會企業競賽、餐飲文化筆記推廣、親子塗鴉說故事、視覺模板教學、學以致用的視覺筆記法、開Youtube頻道、開啟電子報、寫部落格等等……當然不是每件事情都成功，但只有試過了才知道自己想不想要。

那麼第二件事呢？就是澈底練習與實踐「圖解思考」的技術與成果累積。**如果用畫圖翻轉人生分為三個階段，我想會是思考─記錄─表達，最關鍵也是起點的思考，是改變的契機。**

說到這，相信你對我更加熟悉了一些，但難免好奇我為什麼要介紹這麼多自己的歷程。原因在於，我真的希望「視覺模板筆記法」對你而言**不只是一個筆記方法或工具，而是帶給你思維上的轉換，**正如許多人深陷「我不敢畫」的心魔恐懼，但當你願意嘗試「開始畫圖」，就是啟動成長型思維的開始，畫圖是我個人最推薦的實踐方法，這趟視覺旅程還在持續進行中，也因為各位的加入，讓我每天都很期待看見新的可能與成果。

本書架構

我整理了多年所學關於「圖解思考」、「視覺記錄與引導」等知識與經驗，統整出一套「DRAW視覺模板筆記法」。

Chapter 1 **基礎思維**	將會說明「為何常常筆記寫了沒用」，以及依據這個問題對應出視覺筆記可以如何改善，同時了解畫圖本身的價值與重要性，宛如旅程中的「羅盤」，適時提醒大家要注意的方向。
Chapter 2 **Destination目的，以終為始**	我將分享筆記製作前的關鍵思考，避免設定錯誤目標，耗費心力時間。
Chapter 3 **Relationship關係，提取重點、掌握關聯**	裡頭將介紹筆記要記哪些重點？圖解思考三元素與常見圖解框架，目的是讓大家學會專業人士的邏輯思考與反思學習技巧。
Chapter 4 **Architecture架構為王**	我會分享視覺筆記組成三元素、常見筆記架構與視覺層次設計。
Chapter 5 **Way形式，文圖轉換**	你將學會常用的圖像元素，如果想直接學習圖像畫法，可以先看這個章節。
Chapter 6 **延伸輸出**	最後我想分享自己在完成視覺筆記之後，還有哪些延伸的知識圖解產出形式，讓你看見視覺筆記的更多應用與價值。

回想我製作視覺筆記的這幾年，最常卡關的地方就在於筆記的架構。如同我們想要快速完成一個積木作品，最簡單的方式是找到說明書，依照說明書的架構拆解與步驟依序完成，這就是「視覺模板」的作用，其背後的本質更是思維框架的思考。

　　期待透過這本書幫助讀者在資訊爆炸的時代，可以快速理解、思考、重構資訊，歡迎加入我們一起同行。

臉書社團	官方網站
模板下載	學習地圖

CHAPTER 1

出發吧！
展開你的視覺旅程

① 筆記為何沒有用？ 5大阻礙全K.O.！

你平常會作筆記嗎？

在過去教學的場合中，我聽過不少學員提到「作筆記沒有用」、「不好用」等想法，這裡我要先來自首一下，我也曾經一度覺得「作筆記是件既耗時又無用的事」。

回想過去的經驗，我想大多數人應該和我一樣，在求學階段無論是課本還是筆記本，總是抄好抄滿老師上課的重點關鍵字，儘管搭配著三種顏色的筆，整體來看還是以文字為主。

對當時的我來說，這份筆記是件不得不做的苦差事，直到大學接觸到心智圖，我開始熱中於拆解書籍中的內容，甚至大量閱讀與筆記相關的書籍，學習各式各樣的筆記方法。

大學四年，我閱讀了上百本書，做了逾百張筆記，但我反而陷入一陣困惑。這樣的煩惱也在每場分享視覺筆記的過程中，在學員身上一再出現。到底有哪些障礙阻絕了我們從「知道」到「做到」的路徑呢？我統整了以下五大原因，不知道大家是否也有類似的困擾呢？

1. 不想看

當你花費時間精力製作筆記，換來的卻是連自己都不願再回顧的結果，真的讓人很受挫！除了字跡潦草、筆色過淡、排版凌亂這些基本問題外，只有文字與表格的筆記相當乏味，如果就連第一眼都無法吸引注意，又怎麼奢望它會發生功用呢？

2. 沒重點

正所謂全部都是重點等於沒有重點，別人說的重點也未必是你的重點。當

我們在閱讀或參與課程時，總有種焦慮感讓我們害怕錯過，擔心自己會損失什麼。但根據經驗，當我努力記錄別人說出滿滿的重點時，損失最大的是我自己的時間與墨水。（因為你記不住也用不上啊！）

3. 看不懂

「疑！為什麼這裡要寫這句話？」「這個關鍵字跟旁邊這個有什麼關係？」你是否曾經在閱讀自己的筆記時發現，每個字都看得懂但連起來卻一頭霧水嗎？別擔心，我自己就是。後來發現，關鍵原因在於缺乏資訊關聯性，導致筆記的內容過於破碎，事後難以理解。

4. 記不住

你作筆記是否習慣單純抄寫？這個動作往往會讓大腦產生一種「我記住了」的錯覺，建立一個越認真抄越多，卻忘得越快的惡性循環。

5. 不好用

做完筆記，然後呢？你的筆記要用來做什麼？解決什麼問題？達成什麼樣的成果？這些是過去我們鮮少思考的關鍵點，導致大部分筆記完成後淪為廢紙，好一點的可能收在資料夾裡，但你真的還會再翻出來看嗎？

↑ 導致筆記失敗的五大因素

因為這些因素，讓大家產生了「作筆記沒有用」的結論，那麼**視覺模板筆記**可以怎麼幫助大家解決問題呢？

1. 不想看是因為無法吸睛

圖像能讓筆記吸睛，充滿樂趣。對我而言，不有趣就無法持續，這也是我一再強調「每個人都應該創造出一種最適合自己的筆記法」的原因，如果你也想讓筆記吸睛有趣，相信這本書的內容能帶給你一些幫助，但千萬記得別照單全收，運用書上的方法打造出專屬自己的筆記法才是王道。

2. 沒重點是因為缺乏問題意識

帶著問題作筆記，能解決問題的才是重點。很多人常問我筆記要記哪些重點。坊間有些書提到粗體字、三的原則、摘要、名詞＋動詞等方法，但我試了這麼多年之後，最好用的莫過於「帶著問題作筆記」。或許有人覺得太過功利，但與其花上大把時間與寶貴精力在沒有效益的筆記上，倒不如放鬆追劇或看看漫畫還比較實在。

3. 看不懂是因為沒有邏輯

用圖解掌握資訊架構，建構你的知識體系。破碎的資訊宛如一堆凌亂的積木，你要如何快速建構出一個積木作品？最簡單的方式是找出你想做的作品說明書，比如拿出戰鬥機的說明書，按部就班地找到對的積木，進行組裝、搭配、連結，而這些說明書正是我們的圖解框架。

4. 記不住是因為沒有思考

用熟悉的事物來連結新知，讓資訊與你有關。過去製作筆記總是擔心「記不住怎麼辦」，但歷經這幾年的筆記實踐，我發現我們不可能把一本書或一場課程的內容透過筆記就完全記住，畢竟我們不是記憶天才，也沒有必要這麼做。尤其在現今資訊唾手可得的情況下，如何讓資訊為你所用才是關鍵。應用圖像與視覺重新詮釋新知，並畫出與自身相關的生活經驗，當資訊的「連結」建立起來，自然而然便能記住。

5. 不好用是因爲不清楚對象與目標

　　以終爲始，用「輸出」來倒推「輸入」。這也是我爲何設計出「視覺模板筆記法」的原因，先思考想要如何使用筆記，再來規畫如何收集內容。透過書中的模板可以快速且全面地幫助我們應用筆記，促成學以致用的效果，但一切都建立在你清楚知道筆記「想怎麼用」以及「想給誰用」的前提之下。

↑ 視覺筆記五大對策

② 什麼是視覺筆記？掌握核心圖像思維吧！

　　什麼是視覺模板筆記？跟其他運用圖像的筆記法又有什麼不同？我認為，**視覺模板筆記是一種用圖像搭配文字與模板，進行思考、溝通、表達的思維模式**。「模板」兩字是基於「如何使用知識就如何記」的原則，用輸出框架加速輸入效率，所以視覺模板筆記絕非只有單一模樣，我們先來看看其中的三個關鍵組成元素吧！

1. 文字

　　視覺模板筆記並非用圖像完全取代文字，而是有如左右手，讓圖像與文字相輔相成，發揮最大效果。文字出現的形式無非在於標題、摘要文、關鍵字，甚至案例對話等場景。我會建議大家給自己一個刻意練習，降低使用條列式頻率，並且文字量不超過兩行，怎麼做到呢？在Chapter 3會有更多介紹。

2. 圖像

　　你知道圖像的好壞如何判斷嗎？絕非美醜、畫得像或不像，而是這些圖像是否能幫助你思考、釐清混亂、啟發新觀點。你會發現，儘管身邊的資訊充斥著大量圖像，但普遍來說，都是被動閱讀且為低價值圖像（單純吸引你的目光），而高價值圖像往往歷經多年經驗累積，或自己修正改造的。開始手心冒汗覺得困難了嗎？別擔心，這些高價值圖像都是再簡單不過的圖形組合，包含圓形、三角形、正方形等等，只要懂得方法，誰都可以快速掌握。

3. 模板

　　提到模板，你腦中可能會浮現一些相關詞彙，如模組、框架、鷹架、圖

表等。對我來說，**模板就是可視化的思維模型整合**，以我設計的視覺筆記模板為例，裡頭就包含了3O思維（目標、產出、成果）、3Q問題思維、RIA拆書思維、131讀書思維等，都統整在一個旅程圖的情境中。你看到關鍵字了嗎？就是「情境」，老實說，拿掉圖像跟情境元素的模板，就是常見的思維理論，如時間管理矩陣、SWOT分析、5力分析等，充滿著邏輯的理性思考，可惜我們的大腦是兼顧理性與感性的，只有表格很難吸引注意，這就是我設計模板的原因。

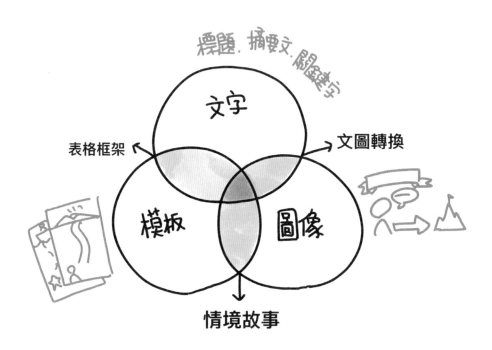

↑ 視覺模板筆記的三大構成要素

圖片中有三個交集的橘色色塊，分別是：

文圖轉換

藉由文字轉換成圖像，連結自身經驗、熟悉的故事等素材進行視覺比喻，而非單純用圖像裝飾文字，如此一來，資訊對你來說都有了新的意義。

將圖像元素添入具有明確資訊邏輯的框架中，讓冷冰冰的模板有了情境、故事。大腦是超級擅長腦補的器官，前提是要提供圖像線索讓它想像。要傳遞情感訊息時，在表格上畫個笑臉符號，會讓你覺得這份筆記似乎變得更親切了。

表格框架

表格搭配關鍵文字，是各類筆記書籍中的經典理論，但文字表格或許有用，看起來卻一點都不有趣！這也是這本書想與大家分享的，如何透過圖像來讓資訊知識變得有趣，正如同我常說的：「有趣才會持續。」

聽到這裡，你可能有些混亂，到底這是一種思維模式？溝通方法？還是筆記法呢？我的答案是：「全部都是！」看看下面這張圖大家就更會明白。

回想我在接觸視覺筆記的過程，其實是從外而內來學習，從一開始大量練習「筆記」的製作、輸出，漸漸往內探索到圖解溝通的領域，學習藉由畫圖釐清腦中思緒，並掌握運用圖像進行溝通的流程脈絡。**當運用圖像成為日常習慣，圖像思維反而是最核心的根本。**

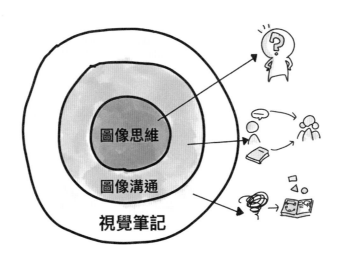

⬆ 視覺模板筆記的三個層次

近幾年來在視覺筆記實踐的過程中，我跌過不少跤、踩過無數坑，原因在於我常常陷入把視覺筆記視為一種「筆記工具或形式」的框架中。其他取代的方法很多，像是電腦軟體、手機筆記app、坊間無數筆記法等，也因此在應用上處處受限，好像只有在時間充足、針對特定主題、具有藝術天分的天時地利人和下才能使用，但真的如此嗎？

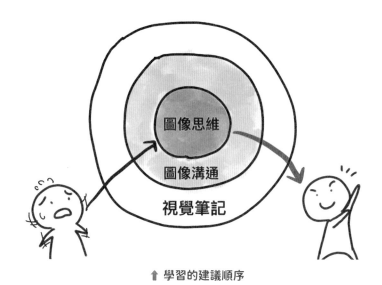

⬆ 學習的建議順序

這段經歷帶給我最大的心得是，**由內而外從圖像思維出發，永遠記得「你想透過畫圖成為一個什麼樣的人？」** 這樣的身分認同將幫助你建立視覺化的習慣，畢竟我們的目的並非成為畫家，很多「畫圖」的動作在未來都可以被電腦軟體、AI取代（或許現在已經是了），但成為一個很會「運用圖像」的人，是我們每個人都能且應該做到的，這將成為未來人與機器人的關鍵差異！

總結一下關於「畫圖」這件事，我覺得每個人都必須具備以下三種能力，無論是做視覺筆記、圖像溝通還是提升圖像思維，都有賴這些能力，分別為：

記錄讓你吸睛

能夠將內部資訊如自己的想法、情緒、經驗，以及外部資訊如他人想法、書籍、演講、文章等內容運用圖文具體呈現出來的能力。

思考助你秒懂

能夠透過畫圖幫助自己與他人釐清混亂、整理資訊、發想意見、問題解決、理解好懂的能力。

引導使你好用

能夠使用視覺模板、比喻，以邊說邊畫的形式，進行表達、溝通，讓知識資訊不只利於理解，更能有效運用。

這三種能力都將透過本書的分享、練習、示範，帶領大家一起學習，我們出發吧！

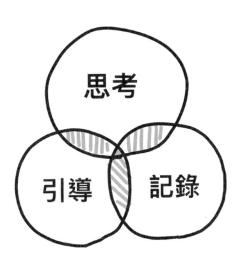

⬆ 視覺模板筆記法必須具備的三種能力

③ 你為什麼不畫畫？

大家都知道現在是「圖像當道」的時代，但知道歸知道，真正動手開始畫的人卻少之又少，歸納出以下四點原因，不知正在閱讀這本書的你，有哪幾點特別有共鳴呢？

1. 我沒天分，我不會畫圖

在上百場教學的調查中，我發現阻礙大家不畫圖的頭號大魔王，便是「我沒天分、我畫圖很爛」的心魔，這其實就是一種固定型思維，總認為聰明才智是與生俱來難以改變的（包含畫圖也是），所以看到他人的畫畫成果時，很容易快速判定這是有藝術天分的人才做得到的事，而這樣的思維會一再地強化、鞏固，無形中讓我們自廢了絕世武功（畫圖）。

相反地，成長型思維的人會如何面對「畫圖」這件事？「畫圖？我小時候也畫過啊，一定有什麼方法、元素是我可以學會的。」接著開始試著從中學習並得到啟發，所以我常說**畫圖是建立成長型思維最簡單的一件練習，只要拿出紙本每天動手畫畫圖，你會發現其實你也可以，**想要破除害怕畫圖的心魔，我很推薦這部TED影片，大家可以參考看看。

↑ 啟動你的成長型思維

2. 我畫得很醜，沒有藝術感

我想先問大家一個問題：「請問是誰說畫圖要畫得很美，很有藝術感的？」你的腦海中是否開始回想起從小到大畫圖的場景，可能是美術課、才藝班、參加寫生、畫畫、海報比賽，以上情境的目的基本上都以創作為主，這個塑造我們畫圖評斷標準的「對象」，也許是父母、老師、評審，或者根本是我們自己！？

現在我想告訴大家一個超級大的祕密，這是我活到三十一歲才驚覺的事實，就是**「畫圖的真正目的」在於溝通，而創作只是其中一種應用。**

知道這祕密後你就不再需要追求美感、藝術性，因為在溝通應用的前提下，唯一標準就是「看懂」！所以「看懂比美醜更重要」這句再簡單不過的話，我會在本書中一再提到，為的就是扭轉大家從小累積對於畫圖＝創作的刻板框架，這框架確實不會因為一兩句話就輕易瓦解，所以我希望能跟你一起努力，當你建立起用畫畫溝通的模式後，你會看見更多無限可能的天空。

⬆ 創作與溝通模式

3. 我畫得不像

透過第一點的分享可以知道畫圖目的應該是「溝通」＞「創作」，但你或許會想，「讓人看懂」還是好難，因為我畫的圖一點都不像，怎麼辦？

我想邀請你先在筆記本上寫下這組公式：**看懂＝輪廓＋特徵**，至於細節的圖像元素、技巧，稍後章節會有更完整的介紹，這裡我想提的是要畫得多像這件事。請大家看看下方這張圖，根據研究，當圖像的精細度超過一定程度後，閱讀者所理解的資訊量反而會下降，這到底是怎麼一回事呢？原因就在於大腦非常擅長「腦補」，但前提是要提供關鍵的線索。線索太少大腦一頭霧水，線索太多也容易造成反效果，讓大腦因為太多雜訊越想越複雜。所以在這本書中我所分享的圖像精細度就落在中間程度，只要掌握住整體的輪廓＋特徵，就能讓人看懂！

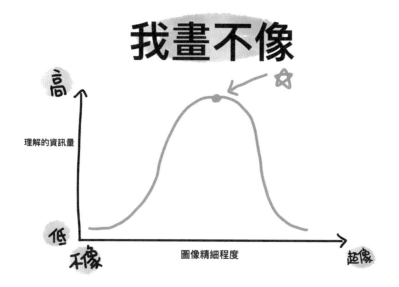

↑ 畫圖精細程度與理解資訊關係圖

4. 畫圖這件事和我無關

　　聽到這，你也許心中在想：「老師，我覺得你說得都很對，但我本身工作跟畫圖無關，一定要手繪嗎？電腦或手機都很方便直接插入圖片，打字排版也都很快啊！」

　　畫圖的應用在於「溝通」，那你什麼時候會做溝通？

「寫日記自我溝通」「閱讀寫筆記」「做年度規畫」「日常生活與家人溝通週末要去哪裡玩？」「孩子是小一新生，上課遇到什麼問題？有什麼心得？」「工作中要和主管報告專案進度」「這週約了兩個客戶去提案討論」「今天下午有場跨部門會議要開」……以下省略三千字。

無論是自我對話，或是親子、情侶間，還是職場對主管、同仁、客戶的溝通，溝通場合真的多不勝數，只是過去習慣運用文字、口語、簡報，而現在我們學到一個超強選項，就是「畫圖」。所以不是「畫圖」跟你無關，而是過去我們不知道「原來畫圖可以這樣用」。

那難道一定要手繪，不能使用電腦、手機取代嗎？老實說，手繪畫圖並非萬靈丹，確實在製作簡報、文字報告等場景，直接用數位工具處理更快，但在具有**「現場」「即時」「高互動」「有助思考」**的溝通情境下，「手繪畫圖」確實是無可取代且最好用的方法。再次提醒，這裡的畫圖不只有圖像，而是圖像、文字甚至模板的組合喔！

⬆ 即時溝通就畫圖吧！

4 讓塗鴉成為你的助力

　　打破畫圖的心魔，我想再加強點力道，說說畫圖的好處。（如果你已經迫不及待想要開始學習視覺筆記的知識技巧，請略過這單元！）

1. 大腦機制面

　　我們都知道人類是視覺的動物，但圖像扮演什麼角色呢？根據研究，**大腦處理圖像的能力比處理文字快六萬倍，有視覺元素的網站比沒有視覺的網站多了180%的點閱率。**

　　Allan Paivio教授於1970年提出雙碼理論，認為人類大腦主要使用口語及視覺兩種管道來處理資訊，所以當兩種模式同時使用時，會幫助大腦建構一個更完整的資料庫，也讓閱讀者更容易理解、記憶。

　　這裡我不談太多大腦專有名詞與機制細節，但請你記得，每個人的腦中都住著三兄弟（當然也可以是三姊妹），這三位分別掌握了日常接觸所有資訊的生殺大權，是被掃地出門立刻遺忘，還是被妥善收藏納入長期記憶當中，都取決於是否滿足了他們的需求，我們來看看他們分別是誰吧！

大哥：情緒

　　顧名思義，他最喜歡具有「感受」的資訊，所以像是故事、豐富表情、音樂、肢體變化、角色、對白等，都能讓他們獲得滿足，也因此連結到更多的神經迴路，強化資訊的記憶。所以試著回想一下，在日常生活或職場中，有哪些資訊讓你久久難忘呢？還記得這些訊息中包含哪些元素嗎？這些元素正是滿足大腦情緒的關鍵。

二哥：視覺

　　視覺有個特性就是超級急性子，當資訊來到面前，搶先跳出來的就是「視覺」，當下立刻判斷是否要繼續看下去，由此可見，許多資訊在第一關就被對方大腦的視覺角色判定出局了。那麼他們想看什麼呢？這個答案我想每個人都最清楚，像是新鮮、有趣、熟悉、驚喜、特別……都會獲得注意，相對的平常、理所當然、無聊這些類型自然容易遭到忽視、淘汰，然而偏偏這些卻正是我們最常使用的資訊呈現方式。

小弟：理性

　　來到最後一個角色，年紀最小（因為是大腦發展最後期才誕生出來的）正是掌管理性決策的新皮質，也是我們日常資訊傳達最常鎖定的對象。如果訊息都是文字、數據等理性資訊，可能滿足了理性腦，卻架空了大哥與二哥，掌管大部分資訊接收器的他們無法獲得滿足，自然容易開始放空、腦袋覺得疲憊，或者左晃右晃找尋東西來「看」。

↑ 理性腦

既然你知道了情緒與視覺的重要性，你可能會想：所以之後作筆記時要多畫點圖，最好多記錄故事，這樣大腦才記得住。不過，這想法其實只對了一半！

↑ 視覺與情緒腦只獲得被看見的資格

　怎麼說呢？雖然吸睛圖像與故事確實能滿足視覺與情緒的需求，但你只獲得一個被看見的資格。接下來大腦因為好奇、有趣開始閱讀資訊時，赫然發現裡頭竟是長篇大論的文字。「看不懂！」於是大腦的注意力就像被打出去的全壘打球，再也回不來了，原因在於缺乏了理性邏輯，無法滿足理性腦的需求。

　看到這，我想你應該明白，所有的訊息溝通都要能同時滿足視覺腦的吸睛、情緒腦的共鳴、理性腦的邏輯，唯有三者兼顧，溝通才能成功。這點不僅是筆記，包含簡報、寫作、銷售、教學等任何需要溝通的場合都適用。

↑ 大腦三兄弟集合

　　了解了大腦三兄弟的需求，你還必須能掌握先後順序，才能在資訊記錄、表達時事半功倍喔！其關鍵就是先用圖像標題吸睛，滿足視覺需求，接著搭配人像表情對話框呈現情緒資訊，最後搭配一個主要的資訊邏輯架構，讓人秒懂。別擔心，稍後的章節都有更完整的技巧方法描述，在這裡你只要先記住大腦三兄弟這三個角色就行了。

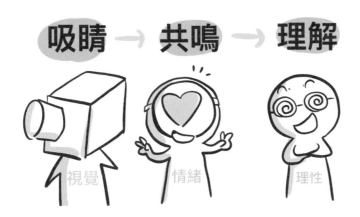

↑ 滿足大腦的順序

2. 現況挑戰面

　　了解了大腦的特性與機制，猜猜看，你覺得金魚與我們人類的注意力，哪一個能保持專注的時間較長呢？

　　「別鬧了，當然是人類啊！我們怎麼可能輸給金魚腦！」你心裡或許這麼想著，Microsoft與加拿大的研究單位對二千名受試者進行腦部掃描與相關實驗調查，發現人類平均的注意力已從2000年的十二秒，降低到2015年的八秒，比金魚的平均九秒專注力，還低一秒！

　　原因我想不難猜，智慧型行動裝置的盛行與過多的資訊源頭，正是導致我們平均注意力時間下降的主因，這點我自己感受特別深刻，以前讀書可以專注一口氣讀完一本，現在卻容易被打斷、破碎，導致閱讀容易斷尾。這是每個人都必須面對的挑戰，當你的資訊表達無法獲得對方注意力，哪怕內容再精采也無用武之地。同樣道理回到我們自身，掌控專注力將成為與他人的關鍵差異，怎麼做？善用大腦三兄弟就對了！

↑ 現代人與金魚PK注意力

3. 職場需求面

　　綜觀以上幾點，回到職場工作中，我們會發現儘管數位工具再便利發達，溝通的成效並非成正比發展，關鍵在於我們是人而非機器。看到一個詞彙

「蘋果」，你腦中想的可能是一顆紅蘋果、一個手機品牌、一首歌，或是一部電影？我們常說，最好的溝通狀態就是彼此在腦中有相同的畫面，但，有可能嗎？

回顧這幾年接觸與實踐視覺筆記應用的過程，我發現這是有可能達成的。你需要的工具就只有一張紙、一枝筆，以及這本書。當畫面畫出來了，除了幫助自己想清楚，也讓對方得以看見你的觀點想法，「如果彼此想得不一樣呢？」大家要記得，**想法不一樣是常態，一樣才奇怪！**所以面對彼此不同的想法，直接在圖像上修改、調整、變化、替換，這是最簡單卻最有效的溝通方式，也是我熱愛畫圖的一大原因。

⬆ **圖像溝通王道**

製作視覺模板筆記的
關鍵心態與3大提醒

在各位踏上學習視覺模板筆記之前,我想再次重申三點關鍵心態與提醒,這些阻礙、陷阱都是我個人在這幾年親身痛過、經歷過的血淚史。請帶上你的視覺筆記思維羅盤,避開那些我曾掉入的坑!

1. 看懂比美醜更重要,避免為畫而畫

這句話我會不斷重複提醒,因為有七、八成的伙伴無法開始動筆畫圖,都是卡在「要畫得好看」這個心魔啊!但看到這本書後請記住,**畫圖最大的應用目的在於溝通**,藝術創作、漫畫等都只是畫畫的用途之一。所以在溝通的情境中,效率與看懂顯得更加重要,畢竟沒人有耐心等你慢慢畫。而且當我們過度在意圖像本身的呈現、細節、配色、美醜時,你的思維都聚焦在創作本身,就很難思考其他面向的應用。但還記得嗎?你是在作筆記,畫圖的目的是幫助你理解資訊內容、整理資訊架構。並非指畫圖創作不好,而是運用畫圖筆記的目的與創作不同,所要衡量的標準也不同,最怕就是大家混淆而把心力放錯方向,那就太可惜了。

2. 用圖像整理資訊邏輯關係,避免成為插畫或海報

面對課堂也好、閱讀書籍也罷,大腦第一直覺的筆記元素就是文字,形式呢?正是我們習以為常的條列式,這也是這本書想給各位讀者的一個挑戰:**減少條列式**。唯有開始思考,資訊除了由上而下、由左至右的條列形式之外,是否有其他可能,圖像才能更有價值地應用在筆記中。

初次接觸視覺筆記的伙伴,通常會從「用圖像來裝飾或輔助文字」著手,這並沒有錯,因為這是最容易且建立圖像習慣的起點,但千萬別只停留在這裡,陷入在空白位置畫圖來補充、裝飾的循環,你的筆記就可能成為插圖

或海報。因此我們要往上走一層來到資訊架構，更具體來說，面對一大段資訊，你腦中想的不再是工整的一條條記錄，而是思考：「這資訊主要的邏輯是什麼？我可以用哪個圖解框架來整理它？什麼樣的架構比較容易讓人理解？」如此一來，作筆記的觀點已經從被動抄寫慢慢轉換到主動思考、建構的過程，最後來到頂層自我詮釋時，這時感性圖像與理性邏輯框架都能巧妙地融合在一起，面對任何知識、理論，你都能從自己熟悉的生活經驗等素材中，呈現出一個自己版本的解讀，並能有效讓更多人理解，這就是視覺筆記的三個層次。

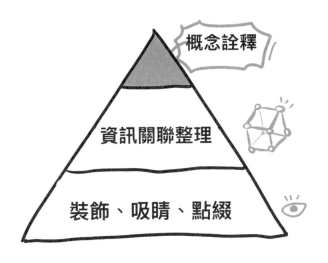

↑ 視覺筆記三層次

　　但面對一張白紙或空白筆記本，要無中生有完成一張筆記，你是否還是擔憂自己做不到？別擔心，有個能**快速讓你產出兼顧感性圖像與理性邏輯筆記的好方法，就是套用視覺模板**。大家應該都有玩過積木，如果不看說明書，在自己的思維框架中進行創作，久了會發現做的好像都差不多，組裝、拼接的技巧也大同小異。但若依據說明書，你可能會發現：「原來還可以這樣組裝？」「這積木竟然可以跟這搭配？」「這呈現方式好有創意！」這份說明書可以說就是筆記的「視覺模板」，它讓我們用不同的觀點去思考、架構、呈現。

3. 反思＋思考＋行動，用筆記創造未來

「史官」的職責是如實記錄國家發生的事件，針對事實具體描繪；「小說家」則是根據具體素材發想，創作角色並模擬他們的思考、想法，假設角色們的行動、未來的結果。

你的筆記是「史官」還是「小說家」呢？

回想起自從國中開始寫筆記、寫日記，常常有個問題困擾著我，就是每隔一段時間你會發現，筆記或日記上都一再重複出現類似的情境，心情很難過很挫折之類的，為什麼？

在閱讀許多筆記相關書籍之後，我才赫然發現一個關鍵點，原來我像「史官」一樣被動地如實記錄，而非像「小說家」主動思考、創造、想像，這點無論是記錄課堂資訊、閱讀書籍、演講內容還是你的日常，都一樣重要。

你是否透過筆記的過程來思考？你是否在撰寫中反思自己的觀點、疑問或是提出假設的可能性？你是否會在筆記中加入行動計畫，並做定期追蹤確認呢？你是否在筆記中描繪未來的想像、執行後的成果？

我自首，我以前沒有，在接觸到視覺筆記初期也是，所以我只停留在「大腦知道」，而非「親自做到」，「知道」無法帶來太大的改變，唯有付出行動的「做到」才能，正如我很喜歡的一句話：「有用才有用，沒有用就沒有用。」

邀請您帶著這三點提醒，我們不只要完成視覺模板筆記，而是要透過筆記翻轉你我的人生！

⑥ DRAW視覺筆記流程

　　這本書的期待目標是讓大家建立圖像思維的習慣，用畫圖解決人生大小問題，但這範圍太大，就有如我想環遊世界一般，所以完成一篇視覺模板筆記就是我們的首要階段任務。只要透過**DRAW筆記法**，你也能輕鬆做到。但我想提醒各位，這是我自己習慣的流程而非標準答案，非常歡迎你從中修改、刪減、參考來設計一套**專屬於你自己的筆記流程版本**，這會帶給你更大的幫助喔！

DRAW筆記流程包含以下4個步驟：

Destination目的

　　以終為始，清楚知道筆記的目的是什麼？閱讀的對象是誰？才能揮發筆記的最大效果，不想做白工，千萬別為了省時間而略過了第一步驟。

Relationship關係

　　包含內、外部資訊的重點提取，面對資訊如何運用六大圖解框架來拆解資訊邏輯，並重新建構與呈現，這環節是圖解思考的重要練習，也是打破條列式筆記的關鍵。有時筆記目的在於釐清思緒、問題解決，可能只需要到第二步驟即可達成目的，並非每次筆記都一定要完成一整張才算完成喔。

Architecture／Action架構為王／設計行動

　　視覺筆記的主軸在於架構，每個筆記模板中也都有一個主要架構，藉由認識常見筆記架構、模板來加速產出，學習如何用畫圖來針對文字進行圖解的視覺語言，最後加入行動計畫才能發生改變。

Way形式

前三個步驟是知道，第四個步驟則是輸出行動。包含常見的知識輸出形式，確認應用目標與成果，才能打造一個好的筆記循環。

↑ DRAW筆記流程

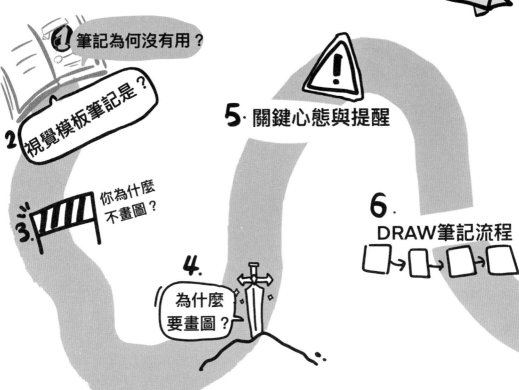

1 筆記為何沒有用?

2 視覺模板筆記是?

3 你為什麼不畫圖?

4. 為什麼要畫圖?

5. 關鍵心態與提醒

6. DRAW筆記流程

回顧練習

● 閱讀完這一章節,請用一句話來總結你的收穫?

_____

● 請寫下讓你印象深刻的三個重點或畫面。

_____

_____

● 請寫下一件你覺得立刻可以進行的微行動?

_____

CHAPTER

2

以終爲始，
視覺筆記的起點

① 模板在手，妙用無窮

以我的經驗來說，視覺筆記製作可以分為下列三個時期：

1. 看書摸索土法煉鋼

　　每一次筆記都是從白紙開始製作，想法、步驟有時按照書本，有時憑著自己的感覺，所以常常品質不一，筆記的效率也難以掌握。

2. DRAW流程打造心法

　　為了解決上個時期的問題，我開始彙整各視覺筆記書籍的流程步驟，加上自己的經驗、嘗試修改，終於整合出一套自己用得習慣且有效的流程，完成速度提升不少，產出品質也穩定多了。不過問題又來了，這樣的流程幫助我完成一篇筆記很OK，但對於知識管理與幫助卻很有限。並且若是想從紙本轉換到電子版，還得額外花費不少時間。

3. 視覺模板筆記法

　　既然要以終為始，何不澈底一點？**想要如何使用這些知識，就怎麼記！**所以除了透過「拆解」讓筆記目的更加具體之外，我也羅列了筆記表達需要的素材項目，以及可以使用的知識面向有哪些。接著在紙上進行篩選（畢竟全部列上很可怕，也沒意義），依循這樣的邏輯脈絡，設計出下面這張筆記模板，這模板整合了**DRAW的步驟**，以各框架項目來呈現。接下來的章節我會帶著大家，隨著各種知識內容，一步步完成這張筆記，建議你可以先列印出這張模板，一起進行喔！

　　　　　　　　　⇒ **視覺模板下載QR code：**

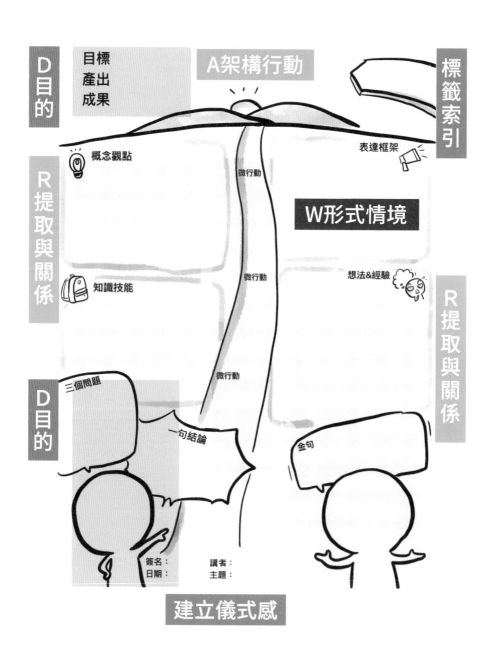

⬆ 視覺模板拆解說明

現在你手邊應該已經有一張視覺筆記模板以及幾支筆，我誠心建議筆的顏色最多三種，我自己的習慣就是兩支不同顏色的原子筆（如藍配紅或黑配紅），加上一支淺色系粗色筆（例如雄獅彩豔筆）。畢竟不是美術創作，顏色太多不僅會讓我們手忙腳亂，在閱讀或表達上也容易造成雜訊、不容易理解等反效果，這點要特別小心。

step 1 完成模板下方的欄位

開始前，請先完成模板最下方的幾個欄位：簽名、日期與講者、主題。為什麼呢？我喜歡在做任何學習前建立一種「儀式感」。像有人喜歡泡杯咖啡、聽首指定歌曲、做個伸展操等，都是為了自我提示：「現在，該進入學習模式了！」另一方面，簽名也代表一種承諾，寫下姓名與日期，這份筆記將不再是隨手就丟的便條紙，可以大幅提升這份筆記的再看率與使用性（當然使用同一本筆記也是個好方法，不過我個人習慣用單張A4筆記模板操作，增加自由組合搭配的彈性）。

大家可能會好奇，講者、主題很重要嗎？不是只要記住書中或演講中的內容就好了嗎？還記得前面提過，**大腦記憶資訊的關鍵取決於神經連結的多寡**，在學習前先把講者姓名與分享主題寫出來，有幾個好處：

1.你會主動觀察、蒐集這次學習主題的資訊，甚至引起學習的好奇。

2.當你事前蒐集並寫下講者與主題，大腦就開始運作了，有如兩個關鍵字進入大腦搜尋引擎，開始找尋調出相關的知識、經驗，同時也預備好進行神經元的連接。

step 2 建立標籤索引

想像一下，你眼前有一百張視覺筆記，記錄了一百本書的精采內容，各自有風格、資訊架構，不同配色組合琳瑯滿目，一開始看得吸睛，久了卻讓人眼花撩亂，更重要的是難以整合，導致成為作品集，納入收藏！

但**知識是要拿來用的不是收藏**，所以有個關鍵點在於是否易於分類，右上角的標籤就像是個抽屜，透過撰寫的過程，除了一再幫你重新瀏覽自己的知識庫外，也再度強化學習主題與腦海的連結，畢竟這些學習素材都將放入你的知識抽屜裡，累積多了就可以不時把相同標籤的筆記拿出來，在相同模板

格式下，進行主題式閱讀，從而找出相同、相異點，並建構出屬於自己的知識版本喔！

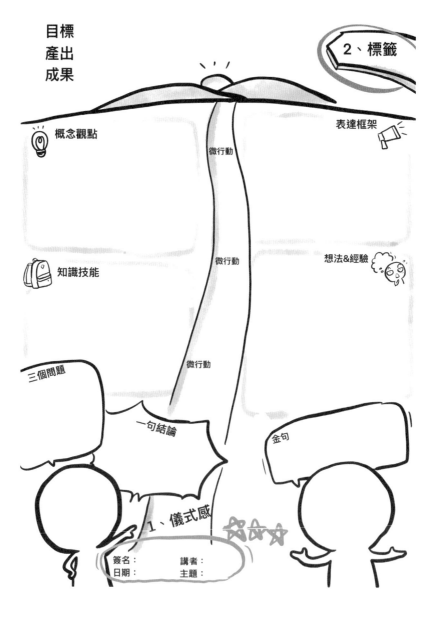

目標
產出
成果

2、標籤

概念觀點

微行動

表達框架

知識技能

微行動

想法&經驗

微行動

三個問題

一句結論

金句

1、儀式感

簽名：　　　　講者：
日期：　　　　主題：

⬆ 儀式感與標籤

② 筆記素材從哪來？我的學習策略

談到第一步驟目的之前，我想先問問大家，你的學習素材通常來自哪些管道呢？根據我的習慣，通常有以下四個面向來源。

1. 線下、線上課程

相較以下三點算是成本最高的學習管道，無論是金錢或是投入的時間，但所作出的筆記是否最有用呢？這點我要打個問號，大家可以試著回顧過往參與過的大小課程，有哪一場讓你收穫滿滿？而這場課程與其他相對收穫較低的差異，又是那些元素導致的呢？這攸關筆記是否能發揮效用，後續章節會再做討論。

2. 書籍

從書本學習不僅可以學到作者解決該議題的流程與方法，更可以看見背後的初衷、觀點與思維，但要小心陷入作者的框架，筆記時也容易因書籍貼心的設計（粗體關鍵字、章節摘要重點等視覺提示）導致做白工。

3. 網路文章

透過臉書、雜誌出版網站專欄、部落格文章等瀏覽其他神人的讀書心得、專業評論，可以輕鬆快速取得他人整理好的精華重點，缺點是容易被文章框架所限制，很多時候能用的就只剩那一句句的金句。

4. 直播、Podcast、Youtube影片

包含TED影片、演講、主題系列微課程、來賓採訪，好處是可以只聽聲音同時做其他事情，但往往也忘得最快。

學習的管道相當多元，透過了解自己的習慣與特性，建構出一個專屬的學習搭配組合相當重要。不知道有沒有人跟我一樣，在學習上並沒有特定的主題與資訊篩選標準，常常憑感覺行事，想看這本書就看，這堂課看起來挺有趣的就去上，但多次付出大把金錢與時間學習，最後的收穫卻不符成本。

　　古典老師在《躍遷》一書中提及，面對知識焦慮我們必須學得更好，卻學得更少，這句話乍聽之下有些矛盾，但卻有如當頭棒喝地提醒我，到底平常我們獲取的知識是幾手資訊？《躍遷》將知識分為四個層級，分別是：

　　一手資訊：**知識的源頭**，包含作者的研究論文等。

　　二手資訊：**真實轉述一手資訊**，如作者的演講、書籍、課程。

　　三手資訊：**為傳播而精簡觀點的陳述**，包含不少書籍抓著一個研究結果或理論來做為主要論述，卻缺乏完整的前因後果關聯分析。

　　四手資訊：**出於各種主觀動機、結合個人經驗的情緒化表達**，特別常見於社群平台、部落格上。

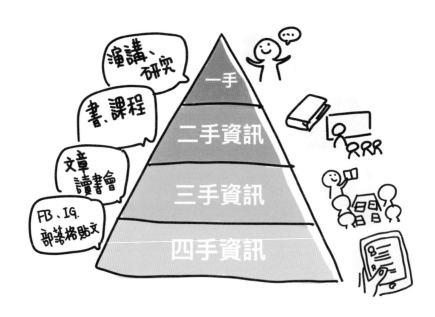

↑ 知識的四個層級

這解釋了為何我們花了大把時間學習，也作了筆記，但效果卻始終不如預期。用料理來比喻，因為一開始食材就只是別人的加工食品，而非原產地的新鮮好貨，當然很難做出屬於你的創意料理。

我想再分享一個我超愛的模型：學習主題交集圖，來自《杜拉克超強學習法》一書，熟悉管理學大師彼得·杜拉克的朋友應該都知道，他每三年會選定一個主題來學習，至於主題怎麼選，書中分享了以下三大面向。

1. 專業

或是你的自我優勢，從這裡著手比較容易因為優勢而造就成功，而成功會帶來更多的成功，所以從自身專業相關領域開始，會讓你在學習上較快獲得成果。

2. 機會

學習這主題的知識內容有沒有機會應用？生活中是否有問題可以藉此解決？從這面向獲得成就感與直接的反饋，再回扣到專業知識技能以及增強樂趣，創造一個正向循環。這點是我過去學習上比較缺乏的，也因此後來會主動尋找機會，或是自己創造機會，包含自辦讀書會、線上沙龍、一對一分享等，都是每個人都能嘗試的方法，畢竟輸入加上輸出才是完整的學習系統。

3. 樂趣

這主題是你感興趣的嗎？畢竟有趣才會持續。

總結以上兩個思考框架，我在選擇學習主題時更有方向，並建立出一個良性循環（**從樂趣出發，想辦法與專業連結，找到機會來「硬」用**），同時也列出該主題可能的知識來源，時刻提醒自己聚焦在一、二手的知識源頭，並追隨站在知識源頭的人，相信有一天你我都能成為創造知識的人。

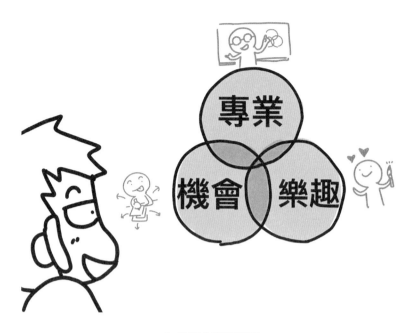

↑ 學習主題交集圖

3 畫完筆記要幹嘛？

　　在分享視覺筆記對象與目的設定前，請你先拿出一張白紙，畫出四乘四的十六格框架，接著針對「為什麼要做視覺模板筆記」寫出十六個答案，計時五分鐘。這是我在課堂中時常進行的一個小活動，可以看出普遍認為要作筆記的原因有以下三點，幫助記憶、整理資訊、提升理解。

　　然後呢？許多人常忽略這個重點，白話來說就是：「你的筆記要怎麼用？」導致筆記的可用性相當低，假設你是要用筆記幫助考試獲得高分，這時就要檢視你所記的內容是否與考題相關；如果是要用來向客戶表達你的專業，那麼你所記的內容是否能幫助你達成這樣的目的呢？

　　思考「你的筆記之後要怎麼用？」這件事情至關重要，如果我們沒有思考到這個層面，99.9%的結果是這個筆記會被塵封在你的資料夾中。因此在作筆記的時候，清楚掌握**理解與行動**兩大目的十分重要，過去我們都容易過度偏向理解一端，但少了行動，我們永遠只是知道。

↑ 視覺筆記的兩大目的

既然掌握了筆記的兩大目的，要如何達成呢？我想分享在視覺模板筆記中的三個重要原則，大家在製作筆記時可以透過這三項指標來衡量筆記是否有助於理解與行動喔！

1. 綜觀全局

　　想像視覺筆記是一張知識地圖，可以讓我們快速看到整個面向。就像到了遊樂園一定會先拿一張導覽地圖，或是打開APP快速瀏覽一下，看看遊樂園裡有哪些重點設施？哪些環節是你喜歡的？哪些設施是你想玩的？然後才能有效規畫參觀動線。同樣的道理，閱讀一本書的時候也會透過瀏覽目錄來掌握第一個全局觀點（作者的知識地圖）。所以我們必須**透過視覺筆記來建構一個屬於自己的知識地圖**，過程一定會比單純文字記錄來得費時費力，但筆記後的記憶、理解與未來複習、後續知識的補充延伸效果，卻是文字無法做到的。

2. 掌握關聯

　　我從許多筆記、閱讀的書籍中發現，不管是所謂的「知識晶體」、「元經驗」或「思維模型」，都在告訴我們掌握資訊脈絡架構的重要，而這都可以透過圖解思考的工具來建構，讓我們從條列式文字中解放。除了資訊與資訊間的關聯，資訊跟我們的關聯也很重要。書中的知識能怎麼幫助我？裡頭的案例故事我有沒有類似的經驗？作者的思維我似乎也曾經這樣想過或聽過？**讓資訊與自己發生關係**，這是視覺筆記中的關鍵。

3. 設計行動

　　以上兩點可以幫助我們達成理解的目的，最後這點則是在筆記中加入行動計畫，最直接簡單的方式就是寫下閱讀完預計要做的行動方案、步驟、微行動，如此一來才能提升行動的可能。但有一點要特別提醒，儘管行動計畫寫得再具體完整，沒有情緒上的共鳴點燃內在動機，行動往往很難展開，這時**透過圖像建構完成目標的情境、想像成功的狀態**，就顯得相當重要了。

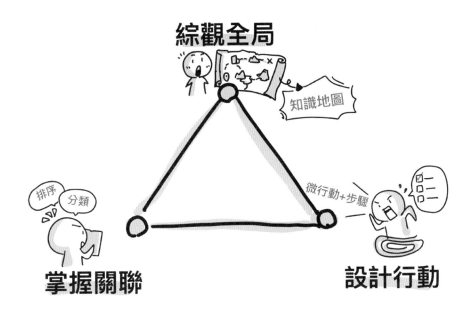

⬆ 視覺筆記的三大原則

4 設定你的筆記對象與目標

「筆記除了給自己看之外,還可能有哪些閱讀對象?」在教學場合中,我總喜歡問這個問題,答案五花八門,有同學提到可以給同學、老師欣賞,也有人說給大學評審老師,甚至是給阿嬤看!職場裡有人提到可以給主管看、客戶看,還有給家裡的孩子看,或是放上網給網友們看。

你會發現,給自己看跟給這些對象看的筆記,差異其實挺大的。當你畫了一頭豬但看起來像是一頭牛時,反正自己看得懂即可,但如果對象換成了老師、同學,甚至是主管、客戶、網友,那麼你就必須確保對方看得懂,無論是圖像還是文字。

你覺得他們想看什麼?剛剛說要給阿嬤看的同學說:「她應該會想看到我寫得滿滿的。」說要給網友看的同仁提到:「他們應該會想了解我們這行業有什麼有趣的事情或小知識。」這時我會再補上一問題:**你希望他們看到你的筆記後有什麼反應呢?**抄滿重點筆記的同學回應:「讓阿嬤覺得我很認真,多給我一些零用錢。」想分享筆記給網友看的同仁則說:「我希望獲得按讚分享加訂閱。」透過這樣的對話練習,我想傳遞一個製作筆記的核心觀點,就是:**「以終為始」**。清楚你的目標對象是誰,以及希望他們看完後的反應與行動,你才知道必須提供哪些內容來達成效果。

↑ 筆記對象想看什麼？

　　視覺模板左下角的人像代表的就是筆記的目標對象，如果是你自己，歡迎發揮以前畫課本的精神，直接將人像改造成足以代表你的模樣。如果對象是其他人呢？這個人像將成為一個很棒的視覺提示，透過描繪目標對象的圖像，讓我們能更容易同理目標對象是誰、想看什麼、透過筆記傳遞訊息後，他們會有什麼反應？

↑ 筆記對象的關鍵提問

接著你會看到右手邊還有個人像，這個人像稱為資訊分享者。比如正在閱讀這本書的各位若要以書的內容作筆記，那麼這個資訊分享者圖像要畫的就是我本人啦！但除了目標對象外，為何還特別設計了一個資訊分享者呢？

1. 創造對話感

有句話我從小到大聽過數百遍卻一直很難做到，就是要「和作者對話、和書對談」，老實說好抽象，但我們回想一下玩RPG遊戲時，時常會出現角色圖像搭配個對話框，好像正在跟我們進行對談，這樣的體驗帶給我靈感，何不直接加在筆記上？**當筆記模板出現兩個角色後，在學習上更能透過角色圖像來切換觀點**，而非陷入茫茫文字海中。

2. 建立更多連結

你平常閱讀或聽演講時會特別注意講師背景，甚至上網查詢相關經驗、成果嗎？以前的我很少這麼做，導致有時會對於作者的某些觀點或見解疑惑不解，原因往往都與作者自身的職業、所屬產業、個人學經歷息息相關，而當我們要畫出作者圖像（輸出）時，必須搜尋更多關於作者的資訊（輸入），這點正好與過往先輸入再輸出的模式相反，**為了輸出而主動輸入會讓我們學習更多更快**。

了解筆記對象之後，接下來的核心就是**目標設定**，你我都知道，筆記做完當然要用，但怎麼用、如何用、為何用卻是我們常忽略的，以下我想分享兩個真心推薦最好用的組合法，**3O＋3Q法**。

1. 3O法

3O取自Objective、Output、Outcome三個英文單字的第一個字母，分別是目標、產出、成果的設定，這方法是我從「關鍵對話」主辦的「SPOT引導技術」中學到的。他們在辦理每場論壇、工作坊之前，都會透過3O設定來讓每一次的引導培訓效益最大化。

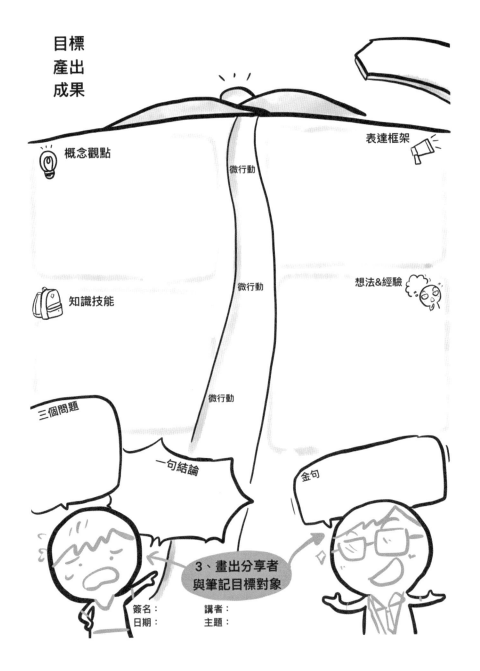

↑ 筆記對象與資訊分享者

目標

● 對自己

你想透過閱讀這本書、參加這堂課完成什麼目標？這裡**有一個重要提醒是「具體」**。比如想應用在教學中，但教學的面向太廣，過於抽象就很難行動，倒不如設定為快速講義設計、簡報製作、版書教學等。

● 對他人

你想透過筆記的分享解決他的什麼問題？幫助他完成什麼、讓他獲得什麼？

產出

● 對自己

也就是學習後，你會具體產出什麼？可能是寫一則臉書貼文、畫一篇視覺筆記、作成讀書會教材簡報等，哪怕只是一句話，你的筆記就開始不一樣了，因為你不再只有輸入，而開始嘗試輸出。

● 對他人

你希望對方看完筆記後做什麼行動？按讚、分享、留言，還是那句話：「知道了，然後呢？」你希望他有什麼具體的動作產出？

成果

● 對自己

最後的成果則是思考我完成了目標、解決了問題、產出了這些內容，對我有什麼好處？這點將影響你的閱讀動機，還有後續實踐的行動成效。

● 對他人

這筆記對他人有什麼好處？解決他們困擾之後會獲得什麼？包含省錢、省時、省力，都是一般人常見的需求成果。

看到這裡你會發現，很多時候搞了半天這三點根本沒想清楚，所以筆記記下的都是跟目標無關的資訊，或是記到最後失去動力，因為你根本不知道做這件事對你有什麼幫助，自然就難以持續了。對外表達也是，當我們充滿熱情地想分享知識，沒搞懂這3O面向，就容易搞得曲高和寡，沒人理你信心

大失，有時不是內容不好，而在於你的目的沒想好。

這邊我舉個生活上的例子，閱讀一本食譜書，我的3O可能會是這樣的。

目標

學會一道料理。

產出

一道料理、一份食譜筆記。

成果

精進廚藝、吃得更健康等等。

⬆ 食譜筆記3O示範

接下來請大家回到模板，在左上角的目標、產出、成果，以本書的內容，試著寫寫看。

目標

你想透過這本書完成什麼？達成什麼目標？學會什麼能力？如果覺得都很抽象，可以結合下面介紹的「3Q問題樹」進行。

產出

一份筆記、貼文、簡報、讀書會、文章、音頻等。

成果

做了以上這些可能會有的幫助是：筆記更有效、學習的內容可以解決問題、獲得作筆記的樂趣等。

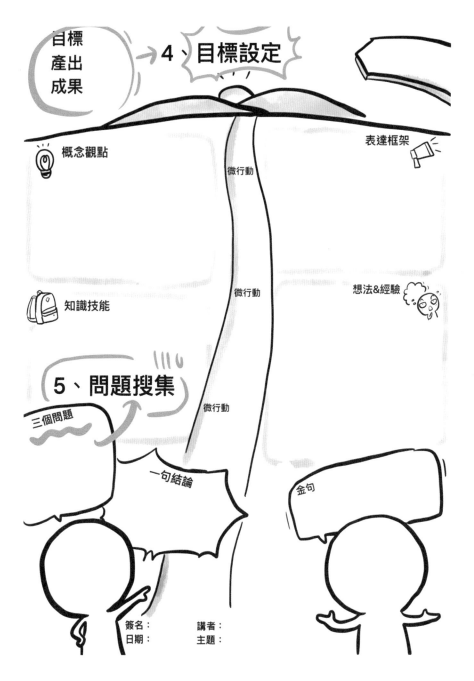

↑ 目標設定

關於3O，最後我想補充一點自己的發現，自從使用這個方法之後，我過濾了很多不必要的閱讀與學習，也就是那些自己想破頭也想不出有啥目標、產出、成果的，乾脆直接放棄！這成果超好，因為我曾經硬讀過大家推薦的好書或很夯的影片，但當你沒想清楚3O，相信我，你做的筆記很快也就忘了，那些時間還不如拿來追劇更實在。同樣的道理，也因為3O，讓我在學習之前就能做好準備，更有目的導向的學習。（不然這三個項目根本想不出來答案啊！）

2. 3Q法（問題樹）

各位或許聽過「學習樹」，就是針對一個學習主題或是目前職位所需要的技能知識，列出清單來累積自己的能力。這方法我曾經試過但失敗了，失敗的原因在於距離真實情境的落差，也就是學了這個我要用在哪裡？這件事一直困擾著我，後來在幾本閱讀策略、自我成長書籍中都不約而同地提到：**專家，是擅長解決某類型問題的人**。所以與其列出學習、技能樹，還不如直接列出問題樹，想辦法透過閱讀獲取知識、方法來解決它。

因此在作筆記的一開始，我都會先問問自己**是否有想透過這本書解決的三個具體且迫切的問題？**（3Q）再來進行閱讀與筆記，「如果沒有想解決的問題呢？」與上述的3O同樣概念，「那就先別看這本書了。」

過去我總是焦慮著是否因此錯失一本好書，但經過多年的筆記實作後發現，當你沒有抱持著問題去閱讀，往往抄了很多，然後忘得很快，接著帶著焦慮再去閱讀下一本書，不斷循環。想跳脫這樣的循環，先從問自己問題開始吧！

對外表達呢？這三個問題更是超級好用，**當你針對目標對象找出三個他的痛點情境、問題、困擾後，你的筆記所提取的重點與內容才能打中對方**，而非知識滿點的乾貨，卻讓人讀起來無關痛癢。

最後，一樣讓我們再回到手上這張筆記模板，試著寫下三個「你想透過這本書解決的三個問題？」或是「對於這本書你的三個好奇」。這些問題越急迫越好，畢竟不痛不癢我們自然也不會那麼在意，對吧？

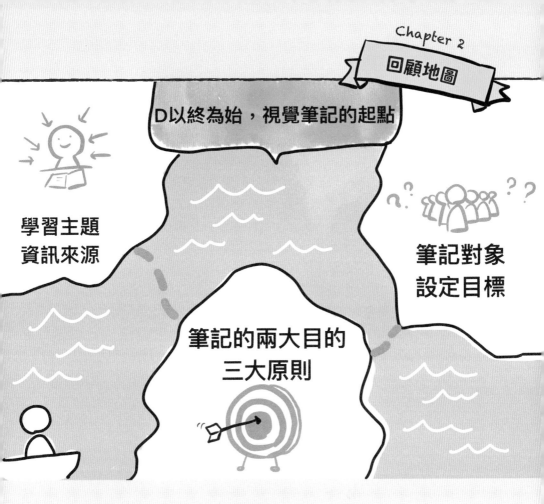

回顧練習

● 請說說知識有哪四個層級，學習主題又有哪三個要素呢？

_____

_____

● 如果要用兩張圖表達筆記的兩大目的，請試著畫畫看。
● 寫下你的筆記可以給誰看（至少五個人），每人至少列出一個你想透過筆記達成的目標，比如：我想給大學評審看，目標面試高分考上理想大學！

_____

_____

CHAPTER
3

提取重點，
與資訊發生關係

1 什麼是重點？記下關鍵訊息

　　「老師！筆記要記哪些東西？怎麼抓關鍵字？」許多學員製作筆記時，時常會有抓不到重點的困擾。抓重點的能力或許早在我們求學階段，老師們提醒重點必抄、參考書貼心整理重點時逐漸喪失了。不知道怎麼抓重點就算了，更慘的是，後來我才驚覺過去所有筆記，竟然只記錄了資訊的一半！什麼意思呢？看看下面這張圖，所有資訊都可以分為外部與內部兩種。

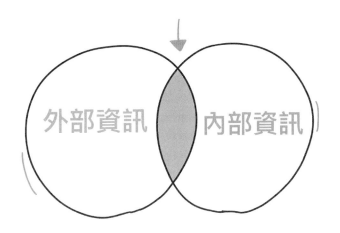

1. 外部資訊

　　就是別人說的。無論是老師上課內容、作者書上的分享、講者演講的資訊、社群媒體的文章等，這些都是外部資訊，過去你的筆記多半只記錄這個區塊的內容，問題就出在這！只有外部資訊，所以容易忘記、缺乏共鳴、只能硬背；只有外部資訊，儘管知識內容朗朗上口，卻很難化為己用；只有外部資訊，在與人分享時缺乏觀點，無法訓練獨立思考能力。所以兼顧內、外

部資訊的連結是筆記是否有用的關鍵。外部資訊如何抓重點？我習慣用這四個類別來搜尋，提供給大家參考。

知識類型

包含專有名詞、關鍵字定義、理論、研究、報告等，傳統筆記習慣單純抄寫定義，但往往不能有效理解，建議可以透過圖像來呈現書中概念。如「反脆弱」的定義是「即使處於最糟的情況，仍不會受到傷害，反而更強大」，如果像下圖用兩個人物圖像來呈現「脆弱」與「反脆弱」，就能加速理解。

技巧類型

包含步驟、工具、表格框架、資源、方法等，這類資訊往往容易陷入兩種陷阱，其一是資訊零散不易整合，其二是陷入書上或分享者的知識框架，不是說他人的框架不好，而是容易因此綁手綁腳不易應用，建議搭配稍後章節介紹的圖解框架去整理，尤其是流程圖（讀完你就會了解為什麼了）。

態度類型

包含思維、觀念、原則、金句、啟發，這類資訊文字量少但卻非常抽象，建議搭配案例故事、情境一起記錄，可以幫助理解與回顧，不然僅僅停留在

表層訊息的傳遞相當可惜。

案例類型

這類型的文字資訊超級多，如果要用文字記錄保證一定寫到手痠，就讓「圖像登場」，用簡單的人像、表情、框，輕鬆呈現故事情境，一來省時二來也能把學到的知識技巧態度整合在一起，強化知識的應用場景，也有利於後續的行動執行喔！

2. 內部資訊

內部資訊是什麼？簡單來說就是來自於自己腦袋的所有東西啦！我分類為以下四種。

自己的心得、感受

用一句話歸納。這是最簡單的起手式，一開始擠出來的無非是「好精采、好有趣、有用」這些很膚淺的內容，但有開始才有成長，每次筆記都加點自己的想法，漸漸地內、外部資訊的比例會開始平衡，甚至轉變為以內部資訊為主喔！這就代表你已經擁有完整的知識系統，外部資訊成了你的補充素材庫了。

自己的經驗、故事

當演講者或作者分享自己所遭遇的職場問題、人生挫折時，記住，別急著抄，先想想自己是否也有相似的經驗，再擴大範圍思考周邊親朋好友的經驗，**重點在於找到跟自身有關的經驗，連起來！**這樣的知識才帶得走。

自己的知識架構

你是否也有自己常用的步驟流程或方法呢？別急著照單全收外部資訊，而是先找出自己的知識架構，以此為主軸，再進行補充，這樣的學習才會長在自己身上。

接收到外部資訊時，如果可以連結到迫切、深刻的自身現況時，更有可能被應用實踐。

了解了以上內容，讓我們再回到手邊的視覺筆記模板，你可以清楚看見中間的路徑把畫面一分為二，左邊正是外部資訊，簡單拆分為概念觀點與知識技能兩大類，右邊則是內部資訊，右下的想法經驗欄位正是與大家分享的個人心得感受與故事。

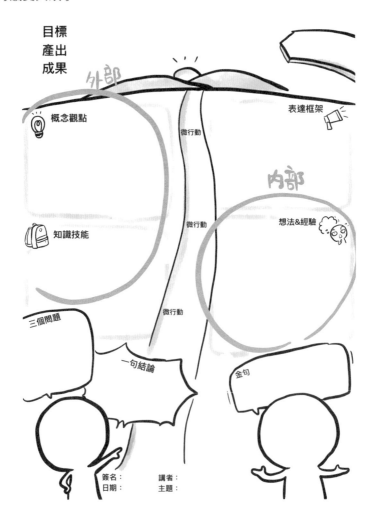

3. 黃金圈的資訊架構

「黃金圈法則」源自於賽門・西尼克在2009年的TED演講〈偉大的領袖如何鼓勵行動〉主題中提出的。分別將資訊由內而外分為以下三層，這也是製作筆記常用的架構法，大家可以從中找到對應的重點。

為什麼（WHY）

作者、講者為何要寫這本／說這個主題？他的主要觀點、思維為何？有什麼經歷、故事啟發了他們？做了哪些研究、發現了什麼？

如何（HOW）

這裡主要著重的是作法、流程、步驟與方法，每本書原則上都是想解決一個問題而誕生的，如果說「為什麼」是指解決這個問題的原因，那麼「如何」就是問題的解決方法、脈絡。

什麼（WHAT）

在解決問題中使用哪些工具、資源、故事、技巧、提醒等，都會出現在這個架構。

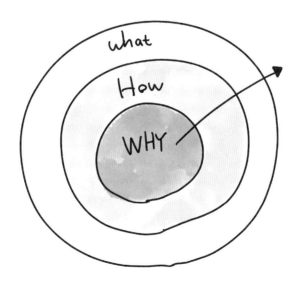

一旦清楚知道筆記對象並設定目標、問題後，我們便可以快速用內部、外部資訊類型，以及黃金圈來拆解資訊內容。進而知道為了達成目標、解決迫切的問題，必須多知道方法步驟多一點，還是思維觀點多一些？因此當看到一本書或課程大綱時，便可以快速篩選是否適合自己了。

4. 篩選重點的關鍵

在篩選重點的過程中，我認為最好用的兩大指標如下：

外部資訊

能解決問題的資訊就是重點。

內部資訊

能與學習資訊產生連結、關鍵的想法、知識、經驗就是重點。

整理樂高積木教我的事，資訊圖解的**4**大步驟

在完成以上資訊內容後，千萬記得，別急著直接跳到畫圖環節。我看過太多人（包含我自己）的下場是讓筆記成為一幅幅精美的插圖或海報作品，並非不好，而是檢視一開始的目的，當文字與圖像無法相輔相成（一邊文字一邊圖像不代表整合），就很難發揮筆記的效果，在這裡我舉一個生活中的例子，大家可以更容易理解。

過年期間，我們家進行了一個大工程，就是認真地整理家中所有積木！整整花了兩個晚上的時間，起心動念就在於累積的積木太過零散，每當想嘗試做出作品時，光是找材料就看得眼花撩亂，完成積木作品的難度也跟著大幅提高。

⬆ 雜亂無章，沒有分類的積木

於是我們參考網路玩家們的整理方法買了積木分類抽屜，這時問題又來了，積木該怎麼分類？依照顏色、大小、形狀、主題等不同指標，我和家人討論了許久才建立出共識，用形狀分類，並由下而上按照積木大小收納，老實說費了許多心力完成後真的挺有成就感的。

⬆ **分門別類的積木**

我想問問大家：「當我已經把積木做好分類，接下來要如何快速建構一部賽車？」每當我在課程中詢問學員，有些人說，要先找到車子的底盤，再找輪胎等關鍵的零件。有些人說，要先畫出藍圖，再拿出對應的材料。

但根據我的經驗，最快的方法是直接找出一部賽車的說明書。也許你想做的是休旅車，那麼你可以在過程中隨時調整。關鍵在於**說明書裡明確列出了需要的材料、步驟、模型的架構等，因此可以省下許多摸索時間**。

聽到這你可能會好奇，這跟筆記有什麼關係？請想像一下，如果積木＝資訊，不同的資訊類型、主題、來源代表著不同顏色、形狀、功能的積木，**組建積木作品的過程就是我們在面對資訊進行圖解思考整理的步驟**。

蒐集資訊 → 資訊分類 → 理解重構 → 強調呈現

⬆ 圖解思考整理的步驟

試著思考一下平常接觸的學習資訊積木，這就是圖解思考的第一階段。

1. 蒐集資訊

當你的資訊積木單一顏色很多，可能表示你的學習管道、主題非常集中，而若你的畫面五花八門，可能代表你的學習素材相當多元。重點來了！**筆記常犯下的第一個錯誤在於並未有效整理資訊的關係**，用積木來呈現就像下圖一樣。你把個別的積木擺放在一起，旁邊卻放一個人偶積木，看到這畫面你應該充滿疑惑，但這卻是常見的筆記形式：條列式＋插圖。

2. 資訊分類

資訊分類才能為你所用。這句話就是那兩晚我深陷積木分類痛苦深淵時的最大心得，若是沒有將資訊分類的邏輯與習慣，就會和我在面對一堆五顏六色積木時的狀態一樣，眼花撩亂、筋疲力盡、頭昏眼花，這點也凸顯在資訊表達上的色彩應用限制與視覺層次，之後構圖與架構章節我們再多談。

所以我們平常就該建立一個依照自己邏輯、指標快速分類的系統，就像是腦中的分類抽屜。

但此時往往會出現一個問題，就是「資訊分類」是給自己看的而非對外表達的形式。想像一下有個朋友在你面前拿出了積木分類完整的抽屜組，你的反應會是什麼？「哇！你好厲害，分類得好完整。」看到的時候你會驚嘆！「咦，然後你要給我看什麼？」接著腦中就會出現這樣的疑惑。

你發現了嗎？**資訊的分類只是過程，對外表達時對方想看的是成果**，是利用這些分類資訊積木結合觀點想法所組成的飛機、跑車、機器人等作品。

3. 理解與重構

那麼在資訊整理建構上，也有所謂的說明書嗎？有的，就是**圖解框架，其扮演的就是說明書的角色**，有以下功能：

快速掌握資訊的基本邏輯

我繼續用積木來比喻，用汽車積木說明書來製作會比土法煉鋼快速許多，原因在於已經有很多人做過並記錄下方法，你不需自己摸索、嘗試，這就是所謂站在巨人的肩膀上思考。這樣的方式不但能快速累積成就感，還能強化自己組裝積木的基本功，下回要再做的時候，腦中就有架構與步驟了。

打破盲點思考不同的資訊關係

不知道你有沒有過這樣的經驗，一打開積木說明書嘖嘖稱奇：「原來這個積木可以這樣使用？這樣組合？」「原來汽車的車燈是用這些材料呈現的啊！」「哇！太酷了，我從來沒想過可以這麼做。」

沒錯，很多積木組合方法如果沒有說明書，你我可能一輩子都不會想到。這是我們慣有的思考框架，要打破這個框架不是棄用框架，而是累積更多框架、更多說明書。因此學會了飛機、船、汽車、機器人、建築物這些作品的積木建構流程與方法。這時如果出個題目要你做出一部「未來的汽車」，你的腦海中自然會出現汽車的架構，搭配著飛機等其他作品架構的靈感、點子，創造出獨一無二的作品。這些就是所謂資訊的邏輯架構，也是我想帶著大家透過視覺模板筆記學習的價值所在。

排列組合激盪新的想法、收穫

掌握了常見的框架後，在面對資訊時，我們就可以主動思考，並且進行排列組合、搭配方式來建構各種資訊的可能，這時你成為主動的一方，手上握有框架才能拆解書中、演講者所說的內容框架，拆了才能為你所用！

4. 強調呈現

　　資訊的分類只是過程，最後成果與觀點的呈現才是結果。或許你會想，這樣一來大家的作品不就都長得一樣？框架雖同但沒人說你不能改造、加工啊！每個人都有各自的觀點、想強調的重點不同，你可以改變積木顏色、發想新的組合……**但前提是你看得見積木，所以可以做出各種組裝、調整的動作**，那麼資訊如何被看見呢？你心想：「我看得見文字啊！」但試問文章中的文字你可以放大縮小、組合、排列、順序等加工嗎？我的心得是很難，所以需要圖解思考的幫助，如何把資訊變得像積木一樣，我將在下一單元揭曉其中的祕密。

篩選重點與凸顯重點，
圖解思考**3**元素

你聽過三隻小豬與大野狼的故事嗎？這單元開始前我想先給各位一個任務。請先把這本書闔起來，拿出一張白紙、一支筆，計時三分鐘。請運用圖像、文字來呈現你所知道的三隻小豬與大野狼，對象為國小一年級的小朋友，透過圖解讓他們了解這個故事內容、主要角色關係。預備，開始！

三分鐘時間真的很短，大部分挑戰的伙伴可能還在畫同一棟房子，我也曾經看過時間到了還沒下筆的。當然也有很厲害的高手，在三分鐘可以把完整故事都畫出來的。

這個任務的關鍵重點有兩個，剛剛各位腦中都經歷了「篩選重點與凸顯重點」的過程，絕大多數人會把豬媽媽這個資訊過濾淘汰。看到任務後你腦中自然浮現「我要把小豬、野狼畫出來」的念頭。這呼應了一開頭和大家提到的，「畫得很像、很美」是創作模式思維，但看過這本書，你會了解更大的應用在於「溝通」，而溝通著重於「看懂」。**畫圖在筆記掌握資訊關係的階段中，更扮演著「思考」的角色，所以重點應該在於資訊的關係**而非資訊本身（知道是什麼即可）。

接下來，我將跟大家分享圖解思考的三個主要元素。

↑ 用一張圖呈現三隻小豬與大野狼的故事

　　上回我們提到積木能夠組建、自由變化的前提在於「積木」是具體的，看得見、摸得到，那資訊要如何達到這樣的效果呢？答案是使用「框＋文字」。以剛剛挑戰的例子，你要表達大野狼，可以只畫一個框，裡面寫著大野狼，這樣已經可以傳達完整資訊，壓根不需要把大野狼的圖像畫出來。因為每一個人的腦中多多少少都有關於大野狼的既定圖像，我們要做的只是幫助他們理解這個資訊的位子在哪裡。

　　所以當我畫一個框，裡面寫著大野狼，旁邊畫三個Z，大家也都能馬上理解，這個圖表達的是一隻正在睡覺的大野狼。

　　為什麼？因為我們看得懂狼這個字，所以我們會從腦海中搜尋到圖像，我們知道這個方框代表是一個範圍，所以在這方框周圍的任何符號都代表這個主體正在發生的事情。因此，當我們用框＋文字把主要資訊從文字框架中解放出來，你將不再局限於文字由左至右，由上至下的限制，你會像擁有資訊積木一樣，擁有很大的揮灑或思考空間。

　　當你再隨手畫一個箭頭，把大野狼連到另外一個框框寫著豬大哥，就會讓讀者思考大野狼對豬大哥做了什麼，而豬大哥對大野狼又有哪些回應。透過箭頭連結、修改、變換位置等方式，三隻小豬的故事就這樣圖解完成了！

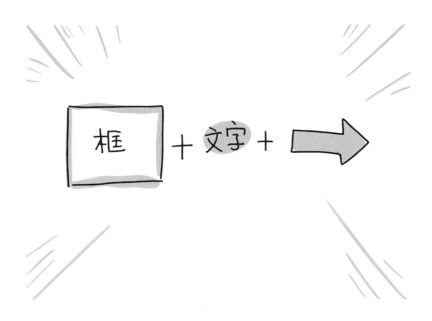

↑ 圖解思考三元素，就是框＋文字＋箭頭

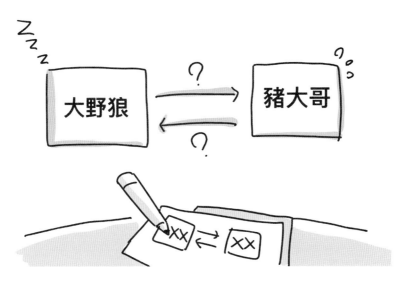

↑ 善用框＋文字＋箭頭，就能清楚傳達資訊

所以請記得，**圖像的運用不在於畫出所有資訊，而是呈現你對這個資訊的理解**。除了資訊本身意義外，還要理解資訊間的關係，這點攸關我們製作筆記時是否進行思考，以及能否讓人看懂的關鍵。如果只要單純呈現資訊彼此的關係，就應該降低資訊本身圖像的比重，也就是說，你不需要花太多時間畫這個圖，應該把心思放在資訊間的邏輯是否符合，這才是重點。

　　千萬別小看圖解思考的這三個元素，看似不起眼的幾筆畫，甚至連圖都稱不上，卻是養成圖像思維習慣的起點。從小到大我們常聽老師、家長、身邊的人說「思考很重要」，但卻沒有人告訴我們如何思考。當意識到思考的重要性時，卻又遇到抽象思考的難度、無聊、虛無飄渺等種種挑戰，直到峰迴路轉後才發現，從小到大最愛的「畫圖」竟然就是解答（我自己就是這樣）。

　　透過一張紙、一支筆，每個人都能建立屬於自己的紙上思考模式，**讓思考變得可見，大腦才願意貢獻**，這是為了因應大腦的省電機制，當面對太抽象困難、感覺解不開、無法獲得預期回報的問題時，大腦往往容易選擇放棄、忽略、放空，這是人類的生存本能。而當你在紙上畫一個寫上自己名字的框，再畫出一個往右的箭頭，思考便啟動了！

⬆ 用圖像啟動思考

接下將跟大家介紹我常用的六種圖解框架，每一種都代表著不同的資訊邏輯架構，在圖解思考中沒有標準答案只有適不適合。我們不是每次筆記都有足夠時間與必要完成一張完整的呈現，但日常面對破碎的資訊卻可以隨時動筆來整理、思考、溝通、表達，那麼，就從認識這些框架開始吧！

4 6大圖解框架：交換圖

　　掌握人事物的本質與脈絡，就用交換圖。面對日常生活與職場，哪件事最讓你頭痛、耗費大把時間呢？如果要我選，絕對是跟人有關的人際網絡了。由於過去曾在管顧公司負責承接政府的地方產業輔導，必須在市府承辦人、部門科長、我的直屬長官、地方業者間來回溝通與聯繫，當時不懂得用圖解思考，導致我在執行專案時常過度放大承辦的想法意見，隨之起舞以至於專案管理及運作上漏洞百出。

⬆ 與人際網絡相關的難題最耗時

如果運用圖解思考三元素來思考。**首先，用框加文字列出專案有哪些角色**，記得同類別或同單位的盡量放在一起，以我為例，可以列出：

- 市府單位：由上到下，有市長、局長、科長、承辦人員
- 我任職的公司：老闆、財務人員、主管、同仁，還有我自己
- 合作伙伴：配合顧問老師、文宣設計廠商等
- 主要服務對象：地方業者
- 次要服務對象：民眾

接著，用箭頭連接彼此，這時往往會看見超多過去根本沒想過的關係可能，才赫然發現過去根本搞錯方向或放錯重點，有決定權的關鍵者是誰？框與框之間通常是雙向的，所以有時問題就出現在雙向的互動不平衡，或者方式、內容不對。**再來，你可以在箭頭上下方用文字補充細節**，如提供給業者課程、輔導，在箭頭端就可以用關鍵字呈現。

最後，再思考、釐清與重點圈選，你可以拿出另一隻不同顏色的淺色筆，思考這個專案的主要角色、重點，畫出主要的關係圖，同時也可以拿著這張圖與主管進行確認、溝通。

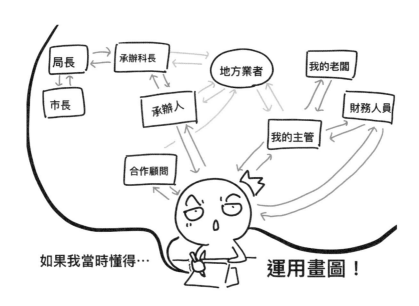

↑ 運用交換圖釐清重點

你會發現，圖解思考框架不僅可以幫助我們理解與記錄資訊，更重要的價值是在動手畫圖的過程，促使我們不斷思考、假設、澄清，所以如果你只是單純把資訊轉為圖解形式，而沒有新觀點、想法或發現，那就太可惜了。

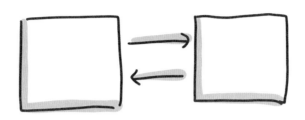

↑ 這樣的圖解框架，正是所謂的交換圖

以下，我想用五個面向來介紹，交換圖的使用可說是所有資訊圖解的起手式，話不多說，直接看下去吧！

1. 操作步驟

❶ 篩選出主體，並用框＋文字呈現。
❷ 掌握一到三個核心資訊放於中心點，其餘分類放置周圍。
❸ 用箭頭相連各資訊主體，先設定主要主題，再連結次要資訊。
❹ 在箭頭上下方補充文字。
❺ 重點強調與呈現。

2. 使用原則

❶ 資訊主體以十個為上限，並找出關鍵一到三個主要對象。
❷ 文字呈現精簡，以不超過兩行為原則。
❸ 箭頭線條相連避免交疊，可以搭配不同顏色重點呈現，但建議以三種為上限。
❹ 所有的互動都是雙向的，不要把彼此間的箭頭整合成一條（有時過度簡化會忽略了關係訊息）。
❺ 掌握主要觀點，而非越畫越混亂。

3. 應用情境

　　許多人第一直覺會想到跟人有關的資訊，如上述提到的人際網絡、電影、小說故事角色、歷史事件、新聞利害關係人的網絡。但把資訊主體擴大，像是國際情勢、商業模式、機器運作、身體器官細胞機制、營養品功能等，也都適合用這張圖來呈現。一來省去大量文字記錄，二來可以幫助你看清人事物運作下的本質關係。

4. 延伸變化

對比圖

　　簡單兩張圖一左一右呈現，是最能快速表達資訊對比的形式，比如條列式筆記與視覺模板筆記的差異，透過對比圖展現兩者主體，並於框下補充，說出差異。

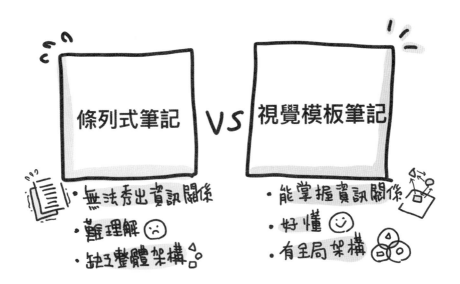

⬆ **對比圖示範**

「為什麼」的資訊相當重要，像是作者為何要寫這本書？做這個研究？我
為何要學習圖解思考？這些都可以用變化圖快速呈現，像是下圖左邊是你目
前遇到的困擾、挑戰，右邊則是你的期待結果、成果。這樣的圖像簡單卻能
普遍應用在日常溝通中，大家可以試試。

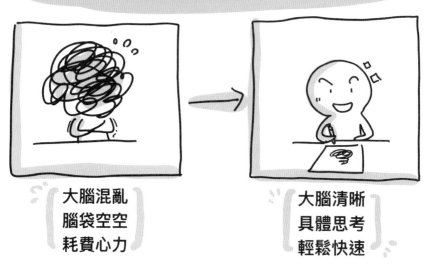

為什麼要學習圖解思考？

大腦混亂
腦袋空空
耗費心力

大腦清晰
具體思考
輕鬆快速

↑ 變化圖示範

5. 圖解練習

➊ 請挑選一則新聞，用框加文字呈現三到五位主要利害關係人，並於箭
頭下方描述彼此互動關係，進行圖解。

➋ 請針對早餐店的商業模式，用交換圖來呈現。

6大圖解框架：分類圖

　　掌握資訊的結構，建立知識地圖，就用分類圖。 呼應之前提到積木整理的經驗，積木要能有效分類才能為你所用，資訊也是如此。大部分學習資訊都是單點且破碎，條列式文字筆記容易出現見樹不見林的狀況，直到我大學時期接觸到心智圖，甚至現今使用的XMind軟體，才越來越懂得善用框架拆解、分類資訊、建構知識地圖，能讓你一覽知識的全貌。愛因斯坦說過：「大腦是用來思考，而非記錄。」這樣的圖解框架，正是「分類圖」！

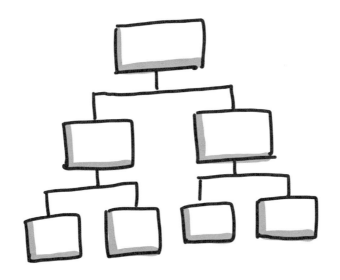

　　以下，我將從五個面向介紹分類圖。分類圖與交換圖可說是所有資訊圖解的基礎，但千萬記住，分類圖是對內思考、整理很好用的框架，但並非唯一，也不是最適合對外表達的圖解形式，原因我們稍後說明。

1. 操作步驟

① 篩選資訊關鍵字並羅列。

② 找到分組指標、項目。

③ 將資訊進行分類，每個框格只用關鍵字。

④ 檢視確認是否符合MECE不重不漏原則。

⑤ 整理呈現。

2. 使用原則

MECE原則，不重複、不遺漏

舉個生活中的例子，如果今天要繪製一家動物園的導覽地圖，結果少了非洲區動物的標誌，這就是資訊遺漏的問題。而如果這張地圖重複出現兩個非洲大象區的標誌，閱讀者也會感到困惑，地圖資訊因此產生混亂而影響到使用效果。

分類圖主要是給自己看的

這點其實從電腦資料夾分類邏輯即可略知一二，每個人的分法都不盡相同，有些人桌面塞滿檔案，有些人整理得乾乾淨淨。重點是當需要找到某一資料時，大家都能依循各自的分類邏輯找出來，這才是分類圖的關鍵思維，但如果用這樣的分類方式對外表達，是很難看出觀點與想法的，這也是為什麼我會用視覺模板筆記作為對外表達的形式。

由大到小、同層同級

讓我們繼續以動物園地圖為例，裡頭分為非洲、美洲區等，往下可以再細分為各動物區，這樣的脈絡就是由大到小。而在區域這層就不會出現大象、犀牛這樣的動物名稱，這就是同層同級的概念。

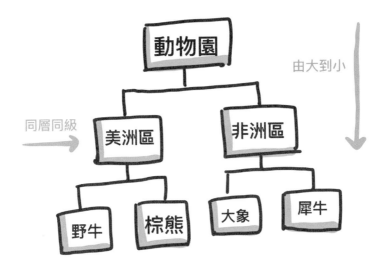

由大到小

同層同級

動物園

美洲區　　　非洲區

野牛　棕熊　　大象　犀牛

3. 應用情境

　　分類圖有很多常見形式，如運用樹狀圖、魚骨圖、心智圖等來針對書籍、演講重點整理，不僅是整理資訊而已，一旦養成資訊分類的習慣，看到任何訊息腦中就像有個抽屜般，開始進行分類與儲存，更重要的是，我們還可以用分類圖去做主題發想、水平思考，以及針對問題往下深挖、探究原因，這是我目前主要的兩大應用面向。

4. 延伸變化

九宮格圖

　　如果想快速整理資訊，九宮格搭配人事時地物等面向是個好方法。我曾經與桃園市文化局合作推出餐飲文化視覺筆記推廣專案，正是運用九宮格引導大家挖掘地方美食的資訊素材。而九格的限制也是創意思考、主題發想的好框架。像是年度規畫，看起來抽象又超大範圍的主題，你就可以先把它拆分為健康、家庭、專業、工作、夢想等面向再各自進行發想，如此一來，對於新的一年就有了概略的藍圖。這裡還要補充一個重要觀點，就是有限的空白

有助於思考，這道理套用在所有圖解框架都適用。當我們看到某一格沒填上內容時，便會主動思考，從大腦提取資訊，藉由這方式，時常會有意想不到的收穫喔！

九宮格自問自答框架

範例：綜合米干

源自哪裡？ 去哪裡吃的？	創辦人是誰？ 廚師身分？ 跟誰去吃？	料理的配料有哪些？米干的原料？	・WHO ・WHAT ・WHEN ・WHERE ・WHY ・WHOM ・WHICH ・HOW ・HOW MANY ・HOW MUCH
創辦人為什麼會創辦阿美米干？	在心目中的美食排名？	湯頭的口味與口感如何？	
龍岡有多少米干店？	店面與料理的外觀看起來如何？	米干如何製作？	

⬆ 九宮格圖運用示範

泡泡圖

來自於美國教師常用的Thinking Maps（思維導圖）。與九宮格類似，但從主題延伸出來的面向是各個單獨的圖框，所以可以進行更多彈性變化，如放大、改變形狀等。像是我與「跟著農夫田裡鬧」團隊合作推廣的食農教育親子體驗，就是透過泡泡圖快速帶領年幼的孩子進行農作物的觀察、知識整理，讓每次體驗留下更深刻的學習與改變。

⬆ 泡泡圖運用示範

探究圖

以上這些圖的線條都代表著連接或展開，但如果換成箭頭線條呢？就變成我超愛用的「探究圖」啦！以下分享我自己經常使用的兩種用法。

問題解決

在《零秒麥肯錫思考術》一書中揭露了世界一流顧問專家的祕密，為何他們在面對輔導客戶的問題時，都能快速且有邏輯地分析並提出見解，關鍵在於日常的思考練習。他們每天都會各自列出腦中的疑惑、問題，然後針對一個問題進行一分鐘的發想，發想內容包含原因、解答等任何想法。依照這個概念，我結合探究圖的框架，每天也嘗試練習思考幾個問題發生的原因，並不斷詢問自己「為什麼」來找出解答，記得至少往下發展到第三層喔！這麼做有幾個好處，一是大腦清空、降低雜訊，二是建立主動思考、整合過往學習的知識、個人經驗等內容，第三是提升邏輯能力，久了腦中就會自動出現這些圖解框架，無論是資訊拆解、整理還是表達，都不再是一片空白。

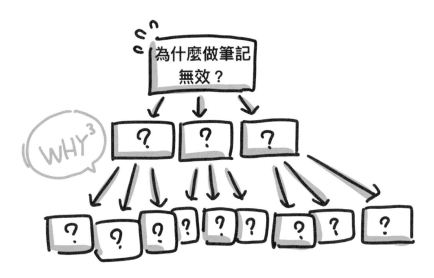

⬆ **用探究圖解決問題**

文章架構

坊間關於寫作的架構有很多種，而我最喜歡搭配史丹佛大學的OREO寫作

法與探究圖框架一起使用，OREO寫作法包含了O-opinion觀點、R-reason原因、E-examples舉例、O-opinion重申觀點，也就是把主要的結論、觀點放在上方，接著往下找出三個理由，理由往下再找出對應的例子、研究、專家佐證等素材來支持，最後文章再回到一開頭的觀點重申，這就是所謂的OREO寫作架構。

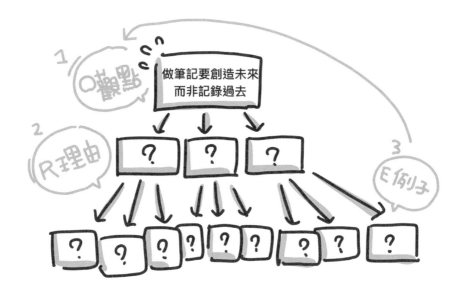

↑ 用探究圖結合OREO寫作法

5. 圖解練習

① 請針對便利超商商品與服務，用分類圖進行圖解，至少畫出三層。
② 請運用探究圖搭配OREO法，拆解一篇文章的架構。
③ 請運用九宮格進行年度規畫發想。
④ 請運用泡泡圖拆解一本好書內容。

6 6大圖解框架：矩陣圖

　　分析資訊建立思考依據，找出定位，就用矩陣圖。 你是否曾經見過像是「學習文案寫作的一百招」、「成功人士的三十個思維」、「知識卡片的N種形式」這類型的學習資訊，它們有個共通點就是資訊量多且破碎。無論是方法、技巧還是觀念，這時你就可以用「分類圖」進行分類。但當要使用或對外表達時，可能還是需要花費不少時間搜尋。你可以用「矩陣圖」做出兩個關鍵指標，拆解資訊。如此一來就有如握著一個羅盤，航行時有了參考依據。

　　我舉個例子，提到「時間管理」，我們可以羅列出一百條關於時間管理的方法，但回到生活中，你總不可能隨時一條條檢視吧？這時就可以用「矩陣圖」把所有事物分為重要、不重要，緊急、不緊急，相互組合成為四個象限，接著依照先後順序來規畫安排，如此一來時間管理的知識才能真正內化為你所用。

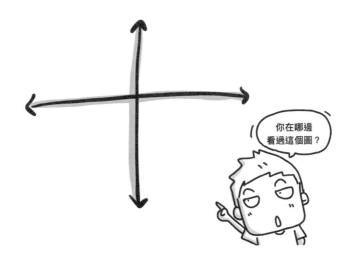

你在哪邊看過這個圖？

接下來，我想跟大家介紹這個我們從小看到大（尤其是數學課）的圖解框架，到底有哪些功用是過往不知道的？

1. 操作步驟

① 發想座標。　　　　② 先畫縱軸再畫橫軸，並記錄關鍵字。

③ 填入選項。　　　　④ 象限命名。

⑤ 重點加強、整理呈現。

2. 使用原則

先定座標別急著分類

如果要把市面上的書籍進行分類，運用矩陣圖大家可能會直覺想出這四個類別，漫畫、小說、參考書、繪本，接著就把這四個答案填入象限中，但等等！這四個類別只是我們平常熟悉的類型，是否可能忽略了其他類型的書籍呢？如果我們先思考座標，如圖文比例（圖像為主、文字為主），目的性（實用與休閒），這時劃分出來的四象限就會更加客觀，同時你也會發現，漫畫與繪本落在同一象限，而實用且圖像為主的象限則是空白，這就是思考盲點所在。

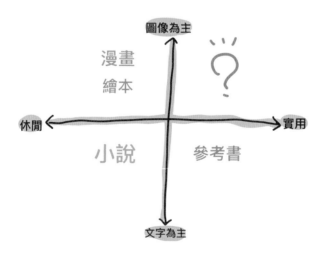

⬆ 先思考座標不急著分類，可以找出思考盲點

讓我們繼續用書籍的例子做分類。主觀座標：想看／不想看、喜歡／不喜歡、會買／不會買、實用／不實用……因為是你的主觀判斷，這些知識才會跟你產生關聯。客觀座標：銷售量高低（先決定一個出版量做為衡量標準）、中文與非中文、主題真實或虛幻、對象成人與未成年、貴或不貴（先決定一個價格做為衡量標準），也就是有明確條件像是數字、語言、圖文比例等作為衡量基礎。

象限命名找代表物

象限命名是一個抽象思考的練習，每個人都可以各自定義，像是時間管理矩陣，有人把它分為提前安排、不理會、立刻處理、速戰速決，這是相對的對策。為了要加強記憶，我會再畫出各自的代表物，呼應之前提到的雙碼理論，創造圖文搭配的效果。

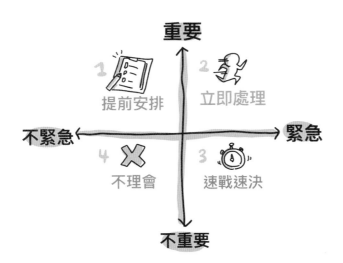

⬆ **圖文搭配，幫助加強記憶**

3. 應用情境

矩陣圖相當適合有很多項目需要有效整理表達時使用，如知識視覺化輸出的形式、常見筆記方法的分析、今年閱讀書籍整理分析等。除了有效降低

認知負荷（一份資訊拆分為四小塊），也方便閱讀者找出符合需求對應的象限進行閱讀與理解。無論是提案表達、個人發展差異化思考、學習知識分析等，都可運用矩陣圖進行操作。

在思考上，更是許多知識方法能否學以致用的關鍵，例如寫作主題的發想、文案標題的四種面向寫法、DISC性格分析、SWOT分析等，掌握這些框架才能不受限於書中的框架與範例，在生活中繼續應用。

4. 延伸變化

`表格圖`

表格是商業框架中最為常見的形式，像是3C理論、7S模型、價值鏈等（如果你看到這些名詞一頭霧水，先別擔心。蒐集框架如同蒐集寶可夢，循序漸進就好，這樣未來面臨不同屬性的對手時，就有更多對戰組合可以彈性使用），表格有個排列組合的思考好處，往往創新就來自於這裡！

下圖就是透過表格來呈現狀態，搭配箭頭展現路徑，算是流程與矩陣的巧妙結合，也想藉此告訴大家，圖解框架是可以自由搭配組合的，這本書分享的絕非標準答案而是我個人經驗，很期待大家有更多的應用產出喔！

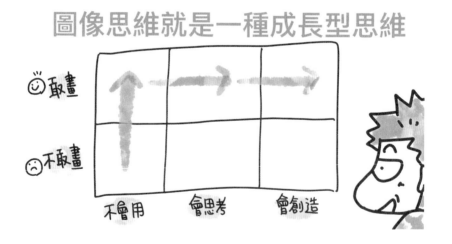

⬆ 圖解框架是可以自由搭配組合運用的，沒有標準答案

面積圖

透過格子的大小來呈現抽象事物，如工作職位所擔負的責任大小、視覺筆記與圖解框架的範圍大小……用口說或文字表達很難體會，直接透過視覺化框格來呈現。而且由於框格可以計算，還能呈現客觀的倍數資訊（如果這是你想表達的觀點）。

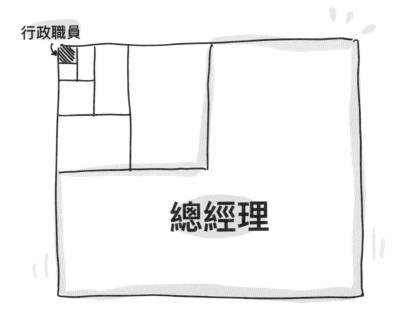

⬆ **面積圖的運用示範**

座標圖

透過X、Y軸兩個座標，針對主題資訊進行分類與分階。我曾經參加過曾培祐與莊越翔兩位老師合開的「即刻吸睛工作坊」，他們針對教學現場常見的四種類型學生以及對應給予的教學內容多寡，透過座標進行引導與知識整理。下圖中，我們清楚看見不同狀態的學生所對應的教學資訊變化，也能藉此架構整合學到的知識方法，是否比起一條條記錄來得更好應用呢？

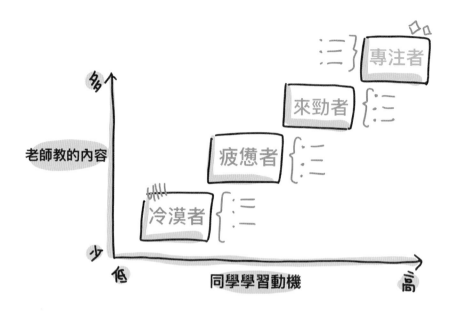

5. 圖解練習

① 請運用矩陣圖分析市面上書籍，各象限至少填入一本書名。

② 請運用矩陣圖進行自我定位（如你與其他老師／同事／同學的差異，想辦法讓自己落在右上角象限）。

③ 請練習用時間管理矩陣來拆解生活事物，並試著思考還有哪些座標可以使用？

7 6大圖解框架：交集圖

　　掌握資訊核心原則，秀出關鍵重點，就用交集圖。你或許聽過「三的法則」，透過三個重點的整理，可以幫助我們快速篩選及呈現，不過如果只是單純列出三個重點其實思考是淺薄的，因為你看不出這三者間有什麼關聯、重要程度差異，以及最重要的「你自己的觀點」。請千萬記住，所有資訊不可能每項都剛剛好具備相同的重要性，而交集圖正好可以透過圖解呈現三者的關聯與比重，讓人一目了然。

　　這幾年108課綱的自主學習備受重視，「自主」與「學習」兩個面向分別代表什麼？如何提升自主與學習效益？這些思考點都在我與同學分享視覺筆記啟動自主學習的課程中進行，用的就是以下這張圖。一堂課的內容、重點知識、方法都整合在這張圖中，既能展現全貌也能讓同學們日後隨時自我檢視，這樣的圖解框架也常見於數學課堂中（你會發現很多數學框架對於整理抽象資訊特別好用），一般稱為「交集圖」或「文氏圖」。

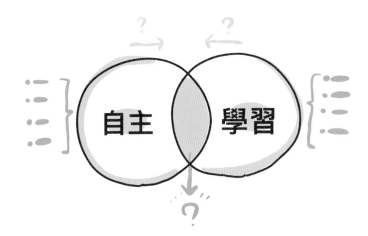

那麼讓我們來看看這個圖解框架可以如何變化，以及有哪些注意事項吧！不過在進入下面環節前，還是要再次提醒，圖解思考的重點在於幫助理解、產生新的觀點，而非單純的陳述與記錄，所以要避免過度裝飾，以免造成雜訊干擾。同時所有的圖像變化都有其意義存在，這點在本章最後一個單元會再和大家說明，千萬別為畫圖而畫圖喔！

1. 操作步驟

① 篩選重點，畫出圓圈。
② 根據資訊關係讓圓圈重疊。
③ 補充說明。
④ 重點強調、觀點呈現。

2. 使用原則

數量依內容而定，五個為上限

　　交集圖的圓圈不一定要三個，但建議最多不超過五個，避免資訊過於混亂。圓圈大小也並非固定，可依照重要程度、觀點強調等需求調整比例。像我很喜歡《復仇者聯盟的終局之戰》這部電影，三個推薦理由分別是鋼鐵人、劇情與特效，尤其是鋼鐵人，所以我特別把這個圓圈放大，表達這是我想強調的重點。

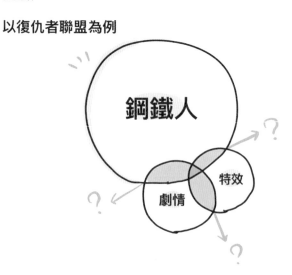

以復仇者聯盟為例

既然是圖解思考而非裝飾，那麼所有的圖像變化、動作都要有意義。像是兩個圓圈的重疊區塊越多，代表交集度越高。一部電影的音樂與劇情高度交集，表示配樂巧妙地搭配劇情發展、起伏等進行變化，可以從這部電影中找出代表片段，如此一來你對這部電影的理解又更深入了。就像矩陣圖各象限可以自由定義，交集圖的交集區塊也是如此。

3. 應用情境

學習主題的核心思維掌握

交集圖適合針對資訊的原則、核心概念、思維觀點、功能特色等進行整理。基本上每本書或演講的一開始，都會以該學習主題的核心思維出發，這時我就會大量運用交集圖來掌握關鍵重點。

知識技巧的類別整理

知識有時也會混合搭配技巧使用，此時除了分類圖也可以搭配交集圖來整理，例如歐陽立中老師「爆文寫作課」的爆文三原色（口語紅、知識藍、文采黃）、圖像思維三要素（思考、記錄、引導）延伸搭配推薦書單等。

每當問孩子，看完一本書有沒有什麼心得、收穫，常常得到的答案是：「好看！」「好好笑。」「蠻有趣的。」然後句點，老實說大多數成人也是如此。

如何養成提出獨立觀點的能力呢？透過交集圖，試著從一句歸納總結為基礎，展開三個原因、重點來練習是個好方法。三個圓圈看起來很簡單，大腦會覺得隨意填三個關鍵字即可，但填完後三個交集處的空白（你看，空白的效果又出現了），又會刺激我們思考。

溝通討論建立共識

當公司開會進行提案、親子討論連假出遊，返往最消耗時間的就是建立共識，透過交集圖彼此討論、修改、調整，畫出彼此都可接受的結果，可以大幅提升溝通效率。

4. 延伸變化

原則圖

沒有交集就不要交集，這種圖往往出現在一些參考原則之上。比如導演、劇本、演員是成功電影的三個基礎，這時我們便可以用下面這張圖來分析賣座電影的成因，進行個案研討，找出差異與相同之處。

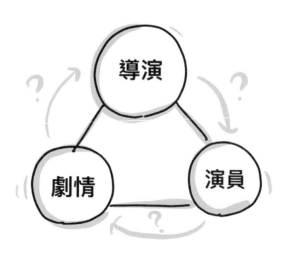

類似矩陣圖中的面積圖。透過下面這張圖可以看到畫圖應用面向的相互關係，從傳統觀念認定的創作，到記錄想法，再擴大到思考應用，最後是溝通。圖解思考有趣之處在於讓抽象思考「被看見」，因此更能跳脫框架，思考更多面向。

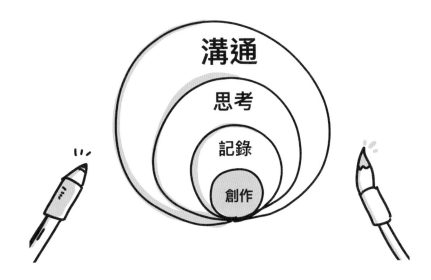

⬆ **用包含圖來呈現畫圖的應用面向**

5. 圖解練習

❶ 請透過三個圓圈的交集圖分析一部你喜歡的電影，並試著寫下各交集所代表的劇情片段。

❷ 請運用兩個圓圈圖解學習中輸入與輸出各自代表的內容與方法。

❸ 請觀察日常生活，找出十個主題的交集圖範例。

6大圖解框架：流程圖

理解資訊時間發展，快速從0到1，就用流程圖。還記得一開始我曾問過，要快速建構一個積木作品最好的方法是什麼？答案是積木說明書。這樣的概念在日常生活中隨處可見，像是從零開始學料理、學電腦繪圖、插花、園藝時，我們會透過各種才藝課程或書籍，其中就充斥著各種流程步驟圖。

不過還是一樣的老問題，我們總是被動地看，很少自己主動畫，導致受困於他人的框架，無法舉一反三有效應用，製作筆記時大部分是憑感覺，沒有明確的流程與步驟。領悟了這點後，我把作筆記的所有動作全都列出來，接著進行分類、排列前後順序，不誇張最後我列出將近二十個步驟，光看頭就昏了，只好動手精簡、刪除、合併，最後剩下七大主要步驟。

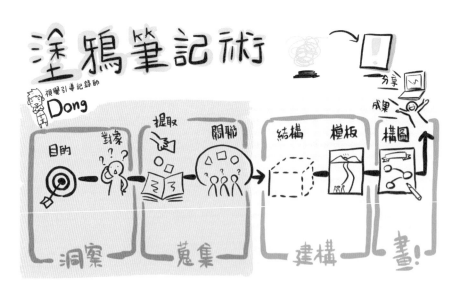

↑ 用流程圖示範筆記的七大步驟

流程圖有什麼好處呢？我歸納出以下三點：

掌握過程進行優化

剛剛提到，製作筆記的過程常有品質不穩定、效率起伏大等問題，有了流程圖我可以透過計時，發現通常在哪個環節花費最多時間，再針對該步驟改善優化。

建構個人知識體系

有了自己的筆記流程，閱讀任何關於筆記、學習策略、閱讀技巧、資訊圖解等書籍時，都可以輕鬆地把這些學習資訊整合在流程架構中，而非被書籍或講者的分享內容框架所局限。

分享教學成為專業

這點並非僅限於教學工作者，各行各業或日常生活中，當你要傳授別人某種技能或知識時，都很需要流程步驟以便對方上手，也讓你的知識內容更有邏輯架構。

像是遊記、個人自傳、描述電影故事，按照時間順序來表達的內容也都適合，但流程圖的效果可不只這些呢！

來看看流程圖有哪些重點原則，希望透過這單元的分享讓你未來在面對跟時間、順序、步驟有關的資訊時，腦中有更多想法與框架，而非僅有流水帳形式喔！

⬆ **流程圖的基本架構**

1. 操作步驟

① 列出步驟、事件。

② 篩選關鍵點（建議以七個為上限）。

③ 排列順序。

④ 連接箭頭。

⑤ 重點強調、圖解呈現。

2. 使用原則

透過步驟數設定，精簡或展開思考

有時我們會因為熟悉而忽略掉關鍵步驟，透過七個步驟的設定，可以促使自己拆解得更詳細一點。重新思考筆記從什麼地方開始寫？還有哪些項目？寫完後會做些什麼？相反的，有時因為對學習主題不熟悉，會盡量列出所有環節內容，但太多細瑣的步驟很難記住也不好使用，此時以七個步驟為目標進行精簡就是很重要的思考練習。請記得，每個單一步驟都還能各自展開對應的細部流程，但在主架構上務必簡單好記，才能好用，這也是為何後來我再把視覺筆記流程七步驟精簡為DRAW（目的→關係→構圖→應用）四步驟的原因。

步驟不重複且確保前後因果、順序

這也再次印證分類圖是所有圖解的起手式。一開始做好資訊分類就能確保後續流程中不會重複出現，同時也能掌握清楚的時間脈絡、因果關係，常見參考類型如下：

● 時間：短、中、長期／過去、現在、未來。

● 因果：痛點困擾問題、過程、期待成果解答。

每個步驟以「關鍵字＋框」呈現，再於箭頭下方補充資訊。框可以聚焦視覺，獲得關注，但一個框內塞滿太多文字則會讓人難以理解，每個步驟間的箭頭可以做變化，如虛線、粗線、不同顏色的箭頭線。再次提醒，每個變化都必須有意義，而不是為了美觀裝飾喔！

⑨ 6大圖解框架：階層圖

　　掌握資訊層次、發展階段，從A到A+，就用階層圖。在流程圖那篇提過，從0到1快速上手一個知識、技能，就用流程圖來完成。那麼如果想在一個主題領域中成為頂尖，你就必須透過階層圖來做到。以我為例好了，我的工作是一位講師，那麼我現在在什麼等級？往上一級是什麼？要如何才能升級？需要具備什麼條件、完成哪些成就？有什麼指標可以衡量？以上這些都是幫助我更清晰建構自己往上發展的藍圖。我可能因此發現，演講型講師大多以少時數、人數多的形式進行，往上是內部培訓，時間數會拉長到一到二天，人數精簡且目的明確，再上一層是教練，最頂層是顧問，如此一來，你才能快速成長且有方向地找尋各階層的典範來學習。

⬆ 以講師為例的階層圖

同樣道理運用到生活中也是如此，無論你的興趣是寫作、塗鴉、籃球、烹飪等，都能透過分層的概念去思考、觀察、蒐集相關資訊，釐清自己處在哪裡，想往哪裡去。那麼就來看看，階層圖中有哪些常見的步驟與注意事項，與流程圖又有何差異呢？這點是許多伙伴時常會搞混的地方，要特別注意。

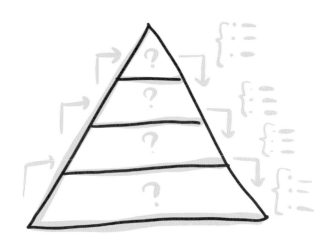

⬆ **階層圖的基本形式**

1. 操作步驟

① 制定階層數（建議五層為上限）。
② 填寫關鍵字。
③ 在各階層補充資訊。
④ 重點強調、圖解呈現。

2. 使用原則

階層不等於流程，關鍵差異在於累積與持續性

　　很多人常會把階層圖與流程圖搞混，以作筆記為例，流程圖呈現的是筆記的步驟脈絡，一個步驟結束後接續下個步驟。而階層圖則強調不同的筆記等

級，比如初階是記完內容，中階是理解，高階是內化詮釋，到了筆記最高階段，除了自我內化、觀點詮釋外，還包含下方中階與初階的記完內容與理解能力，這些是持續進行的過程。

階層圖具備往上及往下的連貫性

玩過遊戲的人應該都知道，玩家的等級會隨著打怪練功而提升，但也可能因為失敗、很久沒玩等因素等級下降。同樣道理在階層圖也是如此，正所謂不進則退，沒有抵達就一勞永逸這件事，所以它是個動態的圖解呈現。

每個階層都有指標來評斷

這是我覺得階層圖最有價值的地方之一，這件事在遊戲設計中做得超級好，可惜真實人生沒有遊戲機制、等級規畫，所以必須由我們自行觀察、整理。以馬克老師「培訓你說呢：講師這條路的五個風景」這集Podcast來說，用階梯方式呈現五個狀態，每種狀態都可以用年收入、課程對象比重、場次、課單價等指標進行檢視。

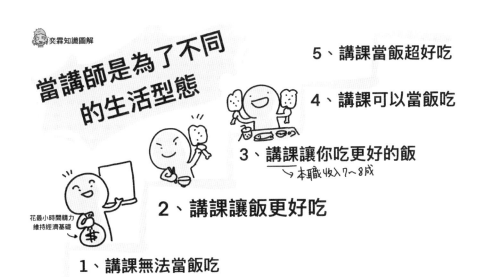

奕霖知識圖解

當講師是為了不同的生活型態

5、講課當飯超好吃

4、講課可以當飯吃

3、講課讓你吃更好的飯
↳ 本職收入7~8成

2、講課讓飯更好吃

花最小時間精力
維持經濟基礎

1、講課無法當飯吃

⬆ 用階梯方式呈現講師的五個狀態

3. 應用情境

　　適合有等級、階層、發展階段的主題資訊，像是冰山理論從行為往下是感受、觀點、期待、渴望、自我，或是閱讀的四階段：基礎、檢視、分析、主題閱讀等，都可以讓我們對該主題有一個明確的發展脈絡，不只停留在知識本身，而是了解知識學習後的應用成長可能。

　　思考個人發展、興趣、專業、親子關係、健康體能等狀態如何進步成長，打造生涯規畫，創造自己的角色發展地圖，延伸出技能樹、成就解鎖等設定，其實挺有趣的。

4. 延伸變化

同心圓圖

　　《原子習慣》作者提到，促使人類行為改變有三個層次，由內而外分別是身分認同、過程與結果，但偏偏過往我們在建立習慣時都是由外而內。以我為例，我曾經設定一個要跑21K半馬的目標（這是結果），於是我持續了半年的每週跑步習慣，讓自己習慣每次跑10~15K左右（這是過程）。有趣的是，就在我順利完成半馬挑戰後，我的跑步習慣也結束了，為什麼？因為我壓根沒想過自己到底想透過跑步成為一個什麼樣的人（身分認同），放錯焦點讓我難以持續習慣。也因此我在分享圖像思維、視覺筆記時，總是邀請大家思考：「你想透過畫圖成為什麼樣的人？」圖解思考、視覺筆記都是工具、方法，當我們有一個清楚的身分認同，才能持續建立運用圖像的習慣。

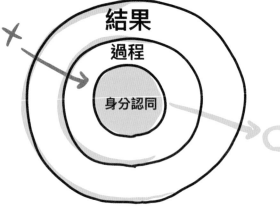

➡ 用同心圓圖示範《原子習慣》概念

帆船圖

　　一位來自美國的認知科學家Scott Barry Kaufman針對馬斯洛的需求層次理論，改以用帆船的造型來詮釋，把過往的金字塔進行拆分，並賦予基礎船舶與進階航行動力兩個類別的意義，十分有意思。

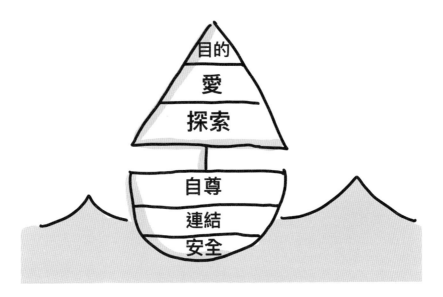

⬆ **用帆船圖詮釋馬斯洛的需求層次**

5. 圖解練習

① 請針對你個人的工作或興趣發展，畫出至少三個等級的階層圖。
② 請用四到五層畫出你的閱讀階層圖。
③ 請觀察並畫出日常生活中十個主題的階層圖範例。

10 資訊圖解的提醒與變化技巧

1. 圖解思考框架與筆記模板的結合應用

　　看到這裡想必大家對於圖解思考的框架有更全面的了解，也發現過往熟悉的心智圖或流程圖，其實只是資訊邏輯中的一種而已，同時知道，這些圖解框架有以下幾個特點：一、不須美術天分每個人都畫得出來。二、日常生活裡經常可以看見，無論是在數學課還是簡報軟體裡的圖表。三、圖解框架在於理解資訊邏輯架構，避免過多裝飾與顏色造成雜訊干擾。

　　在操作視覺筆記的過程中，有時候是單點、主題式的資訊圖解思考與整理，有時會有足夠時間完成完整的一張筆記作品。介紹了那麼多圖解框架，分別會用在哪裡呢？以下就我自己的操作經驗與大家分享。

外部資訊

概念觀點
- 核心觀點、思維就用交集圖。
- 作者、講者的思維、分析、判斷參考就用矩陣圖。
- 解決問題、找出原因就用探究圖。
- 拆解書中概念就用階層圖的黃金圈。

知識技能
- 方法、技巧使用流程圖建立架構。
- 找出學習主題的發展用階層圖。
- 學習工具、分散的技巧可用矩陣圖整理。

作者、講者金句

針對書籍或演講篩選出最有共鳴的一到三句金句名言，並思考背後的原因，遠勝過全抄不做思考。

內部資訊

一句歸納總結心得

快速透過一句話收斂學習心得或收穫。

想法經驗

● 案例故事使用交換圖來呈現。
● 用階層圖整合自身專業、興趣的發展階段。

微行動設計

列出學習後簡單、具體可立刻做的事項後，可參考以下方向：

● 用交換圖連結所學與真實生活的人際互動網絡。
● 用分類圖整理學習地圖與知識管理。
● 用矩陣圖、交集圖模擬作者的思考、思維觀點。
● 用交集圖快速做文章、學習心得發表、分享。
● 用流程圖演練書中所學的知識技巧。
● 用階層圖發想未來發展方向與可能。

2. 資訊圖解的三大提醒

減少條列式

　想要確實呈現資訊間的邏輯關係，就從減少使用條列式開始。一開始一定會不太習慣，畢竟條列式既簡單又方便，但每當記錄筆記時試著暫停一下，在腦中思考其他的圖解框架，相信會帶給你更多的收穫與思考啟發。

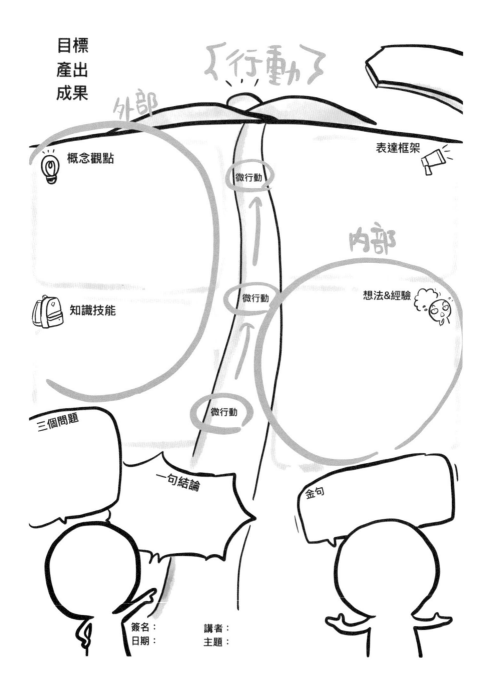

⬆ 圖解思考框架與筆記模板的結合應用

這麼多圖解框架要用哪個？你或許會感到疑惑。關於這問題我只能告訴你，每個圖解框架都有各自的資訊邏輯，一開始我也是拿著圖解框架清單，每天挑選一則新聞或文章來練習「硬用」每個工具。當你持續練習一段時間會驚訝發現，面臨資訊時你的腦中開始會浮現不同圖解的選項，甚至在表達、思考的時候，這些框架就會自動出現。這時要記住，一張筆記只能使用一個主要圖解框架，其他可以在旁輔助呈現，但無論大小、顏色等都建議凸顯一個主框架就好，避免視覺層次的混亂與閱讀困擾。

找出自己的觀點

你會發現我不斷提到，圖解框架的各種變化都有其意義，這些意義就是你的觀點展現，也是最容易讓我們培養個人獨立思考的日常練習。

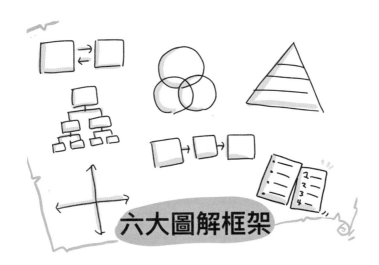

六大圖解框架

3. 資訊圖解的變化

這裡總結我常用的圖解變化給大家參考：

- 圖解元素的大小。
- 圖解元素的形狀。

- 圖解元素的顏色。
- 圖解元素的線條材質、粗細。
- 圖解元素的間的距離、重疊、高低位置。
- 圖解元素的特效、強調效果。
- 圖解框的粗細。

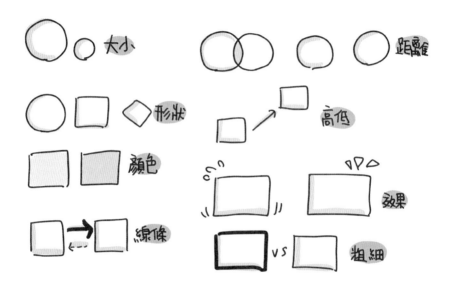

↑ 幾種常用的圖解變化

R提取重點，與資訊發生關係

5.
資訊圖解提醒與變化

⚠ 一個主框架/減少條列/自己觀點

☆ 大小、形狀、顏色、線條、距離、粗細

3 圖解思考三元素

"文字"

六大圖解框架 **4.**

1. 什麼是重點？

資訊圖解
2. 四大步驟

回顧練習

● 請說說記錄的資訊可分為哪兩個類型？重點通常有哪些？

_____

● 圖解思考有哪三個元素、四個步驟？

_____

● 找出一張白紙，挑選一則你感興趣的新聞內容，試著用六大圖解框架來圖解資訊。

_____

CHAPTER
4

設計你的筆記架構

1 視覺筆記3大元素

　　常見視覺筆記中的三大元素，分別是**標題、話題組與視覺動線**，這三者的組成邏輯套用在簡報、圖表、報告、知識卡片等各種資料視覺化形式也都適用，不過前提是在紙上先建構好草圖，再思考用手繪筆記或電腦軟體輸出，可以提升不少效率。

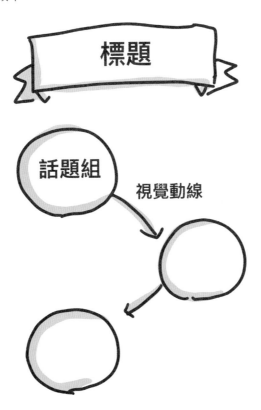

↑ 視覺筆記的三大元素

1. 標題

顧名思義標題，它的作用就是讓人**吸睛**，**獲得注意**，並能透過它**了解內容的主題**。也因此我們在做視覺記錄時，常說完成一個好的標題基本上就完成七成了，可見標題的重要程度有多高。我作筆記的標題畫法有以下三種（由上而下，從簡單到複雜），不過還是要再次提醒，避免過度裝飾造成雜訊而本末倒置喔！

文字效果

標題存在的價值就是第一眼吸引閱讀者的眼球，進而讓他們產生好奇、了解主題方向、做好心理準備或連結自身的經驗知識，這點無論是在製作筆記、與人溝通討論，甚至進行圖解思考時都相當重要。不然有可能圖解了半天，過段時間看卻是一頭霧水。

最簡單的標題呈現方式就是運用各種文字效果，可能有讀者會好奇：「是否需要學習POP字體以便製作筆記？」還是回到我們的第一原則：**看懂比美醜藝術性更重要**，因此我常用以下方式快速呈現一篇筆記的標題內容，大家可以試試看！

- 字加框（包含外圍框或字體框）
- 粗體、放大
- 顏色深色
- 底色（淺底背景深色字、黑底白字）
- 陰影
- 特效符號、框
- 底線

➡ 文字效果示範參考

當資訊量大時,可能容易讓標題與內容文字混淆,這時你可以運用第二招,就是標題框啦!框的類型種類繁多,我最推薦的就是下圖第一個緞帶式標題框,這是基本萬用型,只要在白紙上一畫立刻可以視覺聚焦,但請謹慎使用,確保視覺層次夠清楚。第二個是人像加對話框的形式,這個人就是作者、講者、內容的分享者,搭配對話框裡頭寫著標題文字,是我個人最喜歡的標題形式,有種與閱讀者對話的感覺。

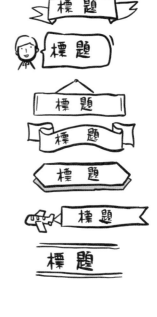

➡ **各種標題框示範參考**

圖文搭配

雙碼理論提到,**影像與語文資訊同步出現可以幫助大腦理解吸收**,所以可以使用跟主題有關的代表圖像、人像來輔助表達。但這種形式只適用於有足夠準備時間,例如論壇、演講的視覺記錄,或個人學習心得筆記的網路分享,非即時性場合使用。

➡ **圖文搭配能加速大腦理解**

2. 話題組

　　就是筆記中的重點啦！一般作筆記時最常見的形式就是由左至右、由上而下規規矩矩的條列式文字，但一來無法吸睛，二來難以理解。遇到超過兩行以上的資訊時，請試著選一個圖解框架來拆解呈現。那麼筆記中常出現的話題組又有哪些內容呢？以下介紹四種內容，大家可以自由組合應用喔！

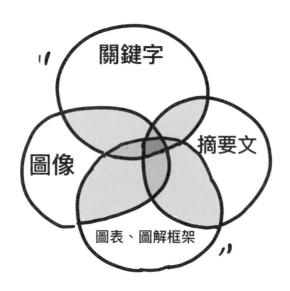

↑ **話題組裡常見的四種內容**

關鍵字

　　筆記文字以簡潔為原則，所以關鍵字時常出現在筆記的次標題、知識點、專有名詞等處，不過要小心避免過多關鍵字，除了顯得零散缺乏整體性之外，還容易產生「都看得懂但看完好像什麼也沒獲得」的空洞感。

摘要文

　　最常出現在金句、結論／心得、專有名詞定義、重點歸納中，我自己習慣限制在兩行以內。摘要文也是訓練個人思考與建構觀點很好的方法，時常搭配人像、對話框來呈現。

分為以下幾種形式：

輔助理解

就像我們常見的懶人包，以一個關鍵字搭配一個圖像。

案例故事

包含作者的經歷、研究、故事、舉例等，以文字記錄可能要用上許多篇幅，在下一個章節，我將與你分享如何快速把它畫出來。

畫面情境

外部資訊：這本書的背景、想解決的問題、應用的情境等。

內部資訊：個人感受、類似的經驗、問題，期待應用的成果。

視覺筆記有個重要的價值在於創造未來，透過描繪這些情境可以讓知識更有畫面、與自身產生更大共鳴，幫助我們在真實生活中應用實踐。

圖表、圖解框架

圖解框架是組合以上話題組元素的大絕招，讓筆記的每個重點都能清楚有邏輯地呈現，當然這是在資訊量較大的前提之下。

3. 視覺動線

想像每個話題組都是一個圓圈，視覺動線就是連接這些圓圈的線條。你希望讀者依照什麼樣的閱讀順序來看筆記？或是整篇筆記沒有明確的先後順序，讓閱讀者自由選擇？下圖左使用箭頭、標號等來指引閱讀順序。下圖右沒有明確順序，但使用分隔線把各個話題組清楚區隔開，避免混淆。

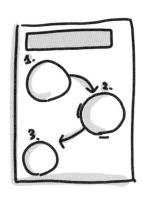
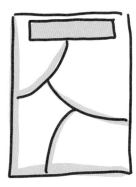

視覺筆記的三元素：標題、話題組與視覺動線，能讓我們在構思筆記架構時快速以宏觀的角度規畫。繪製草圖時，我會用圓圈來替代話題組，避免陷入資訊干擾，快速規畫排版架構。

架構圖一開始是長這樣的，標題放在上方置中（安全有效的位置），我希望呈現自己與講者對話的氛圍，所以左右各用一個圈代表兩個人，接著我把畫面劃分為上下兩塊，上方記錄觀點與思維，暫抓三個重點，由左至右的順序呈現。下方呢？則是這個筆記的主要架構，架構從哪來？就從圖解框架中挑選一個你覺得最能呈現這篇筆記內容的使用。

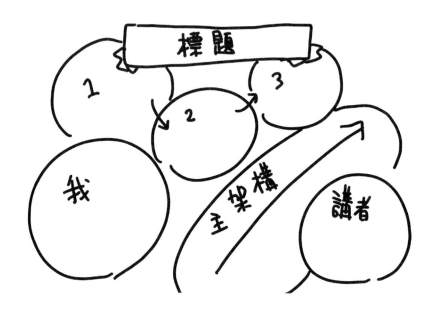

⬆ **用三元素快速規畫排版架構草圖**

這裡我以歐陽老師的「歐陽talk書秀」為例，採用流程圖呈現Netflix公司執行零規則的步驟。

有了這張草圖，我在聽歐陽老師直播的同時，便能快速把內容填入框架，或者進行微幅的修改。像是後來上方的三個思維觀點，我選擇不特別用視覺動線相連，而是讓大家自行閱讀。主要架構則用一個大箭頭來整合人才密

度、誠實感言、放鬆控制這三點，標題則用簡單的字體加框來凸顯。這就是視覺記錄高手的祕訣：事前準備草圖框架。

很多人聽到視覺記錄、視覺筆記時常會有個錯誤印象，以為可以在沒有任何準備下「隨時」用圖文方式記錄呈現。要記下東西不難，但記錄的內容讓人讀懂、有收穫內涵、能引發思考、激盪出新的觀點的筆記，就必須仰賴事前做足功課。像是對於主題內容的理解，蒐集相關的圖像與素材，把自己心中的好奇疑問列出來、建構草圖等。

回到學校課堂、職場會議中也是，腦袋空空對於今日課程或會議主題沒有事前預習、一無所知、沒有預先找出不懂的點，理所當然在現場只能照單全收地全抄，記錄得七零八落了。

⬆ 事前準備草圖就能快速填入內容

② 構圖與視覺層次設計

　　圖解思考時建議在白紙上先畫再想，釐清大腦的思緒，才得以看出新觀點及資訊間的關係。但在視覺記錄中則建議先想再畫，想清楚構圖再動作。因為我們的目的在於溝通，資訊要能讓對方看懂、理解，甚至付出行動，所以必須先思考目的、對象（Chapter 2提過），以及資訊內容屬於哪種邏輯架構（Chapter 3提過）。

　　然後才能透過標題、話題組、視覺動線來規畫草圖，有個作弊的大絕招就是直接套用模板，模板中內含標題、主動線欄位，快速添上話題組就能完成。不過我還是建議大家跟著從頭了解一遍，會更清楚規畫邏輯喔！好了，那麼我們開始吧！

1. 習以為常的畫面構圖法

　　說到構圖，必須先了解一般人的視覺閱讀習慣大多為由左至右、由上而下、Z字型、螺旋型由內而外這四種。因此可以預測閱讀者通常第一眼會看哪裡？緊接著的瀏覽順序是什麼？再依此規畫內容。依照這個邏輯，標題要放在哪裡？沒錯，就是左上角、正上方、正中央三個地方。

　　你可能會疑惑：「難道不能用不同形式構圖嗎？這樣的筆記好制式。」當然我們可以不照一般視覺習慣規畫，但還是有個前提必須遵守，那就是「清楚的視覺層次」。

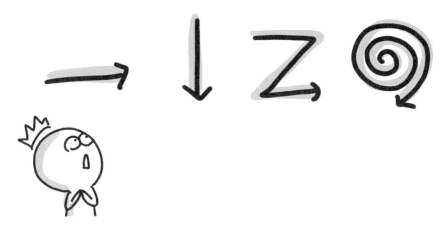

↑ 一般人的視覺習慣

2. 終身受用的視覺層次設計

「什麼是視覺層次？」就是閱讀者接收到的資訊等級。重要程度、先後順序的判斷不在內容而是視覺上的感受。因為閱讀者第一眼看到時，大腦會快速掌握視覺相關的資訊，接下來才會進一步理解文字的意義。

所以我們常說筆記、簡報、報告沒有重點，這裡通常有兩個層面。第一個是「看」不出來哪些是重點哪些不是，那問題就出在「視覺層次」。第二個是「讀」不出有什麼重要訊息、跟閱讀者的關係等內容，這裡則與前幾章提到的問題發想、對象分析、提取重點能力有關。如果在第一個層面「看」就卡關，那更別說「讀」了。接下來我們就來看看視覺層次設計上有哪些步驟、原則與技巧。

↑ 視覺層次清晰才能讓讀者掌握資訊重點與順序

先擬大綱，找出最重要的三個點

　　假設你正在製作一本書的心得筆記，你會希望讀者看到的前三個重點是什麼？根據個人經驗，大多是「標題、次標題、結論／心得／行動建議」，有時我會想要強調作者是誰、說什麼話？或是讓主題有個特別的情境，這時就會想辦法讓它進入前三順位，接著運用以下方法來達成預期的效果，避免讀者迷失在資訊中，失去方向。

同層同類同款、重點變化

　　相同階層與類別的資訊就使用同款樣式。以右邊的《極簡閱讀》筆記為例，主要架構R、I、A三個字母，分別都用黑底黃字來呈現，在我們看起來自然會明白這三者都是同一資訊階層，也是同屬《極簡閱讀》拆書的步驟類別，再看看步驟A底下的A1、A2、A3使用黑底白字且字體較小，從視覺來看可以知道它的層級比大A來得低，但黑底又能夠建立與旁邊單純文字的區隔，這樣的視覺層次就很清楚，除此之外，大家還可以觀察看看，這張筆記用了哪些方式來呈現層次上的不同呢？

↑《極簡閱讀》筆記

- 字體大小、粗細。
- 文字底色（黑底黃字、黑底白字、黃底黑字、黑底橘字、橘底黑字）。
- 文字次標題加框、主要標題加橘框搭配積木人偶圖。
- 不同顏色的字跟圖像（黑色、橘色）。
- 實體粗箭頭表達R、I、A順序，虛線箭頭連結A1、A2、A3。

補充一個我也常用的方法，就是運用顏色深淺來表達資訊層級，一來操作簡單，二來避免顏色過多造成雜訊，三則是整體色系一致。

⬆ 善用顏色來表達層級

用變化來凸顯資訊重點

　　方法其實與標題畫法雷同，多以字體大小、粗細、加框、標號123、箭頭動線等，這裡我再分享一種就是顏色，通常建議一份視覺筆記的顏色不超過三種，我自己常用的組合搭配如下：

　　● **主題色：**

　　我比較常用黃、橘、天空藍等淺色系，記得不要選擇太鮮豔像亮紅、螢光綠等，避免過度刺眼難以閱讀。主題色可以搭配標題、次標題，以底色、框、字體呈現皆可。

　　● **內容色：**

　　主要呈現在話題組的內容，通常我會使用黑色，如果希望整體色系更一致，也可以考慮運用主題色的深色系，例如主題色橘色，那就用暗橘色來寫字。

　　● **強調色：**

　　像是標題、你的觀點、建議、金句等想特別凸顯的資訊，可以運用主題色的互補色，或用黑底來作為強調色。

下圖是我針對孫治華老師的直播訪談筆記，強調色我選擇藍色作為標題色塊，次標題則是用黑底白字凸顯，主題色是黃色系，整體色系一致，讓大綱架構一目了然。

⬆ 孫治華老師直播訪談筆記

關於配色，我除了觀摩其他視覺筆記作品外，也經常使用以下配色網站，大家可以搜尋出自己最喜歡的色彩組合，運用在筆記上，建立出個人風格喔！

配色網站參考

Colordot	ColorHunt	ColorPalettes

③ 5大常見視覺筆記架構

熟悉了視覺筆記構圖、視覺層次之後，來看看常見的五種筆記架構，分別有哪些特色與常用情境。要特別提醒的是，筆記架構各自都有不同的資訊邏輯，沒有好壞，只有適不適合。

1. 基本款的線性型架構

線性架構簡單來說就是依循視覺閱讀習慣，由上至下、由左至右，不特別使用視覺動線來引導閱讀，這類型的架構有以下特點：

- 由上而下的形式適用於手機瀏覽。
- 簡單上手，適合當下的即時記錄。
- 適合多主題各自資訊量不多的情況，如論壇、多人演講、多單元書籍等。
- 統一格式操作輕鬆，省下構思標題、架構的時間。
- 注意統一方向性，避免資訊混亂。
- 缺乏視覺引導，視覺層次更顯重要。
- 善用黃金圈架構，讓筆記內容清楚區隔。

以右邊這張《大腦整理筆記法》的筆記來看，線性型架構有時容易成為流水帳，從頭記到尾，導致閱讀起來過於破碎。所以我會建議搭配黃金圈的三個面向，由上而下分別是WHY，這裡通常記錄學習主題的思維、觀點層面。接著是HOW，就是作者提供的流程步驟或知識系統。最後則是WHAT，代表方法、知識點、案例、工具資源等。運用這三個面向搭配上方的標題框，可以讓我運用這架構快速製作筆記，接著在每個區塊間加上分隔線，就能讓閱讀者由上而下自然看到標題，清楚了解三個主要面向與各自內容。

2. 強調主題的放射型架構

　　如同大家熟悉的心智圖會將主題放在中心點，放射型架構也是如此。當我們想要強調主題，像是作者、講者圖像、相關情境等，就可以藉此吸引閱讀者的注意，同時瀏覽周圍資訊也都能回扣到主題而不失焦。放射型架構特點如下：

- 如上所述主標題要吸睛。
- 適合清單式的資訊記錄，如學習技巧的十個方法、成功人士的七種心態等內容，資訊量較少。
- 主題延伸資訊內容不宜過多，常以次標題、關鍵字、摘要文呈現。
- 同樣沒有視覺動線，所以如有閱讀順序必須加上標號或箭頭。

　　以《完成》這本書的閱讀筆記為例，裡頭提到92%的新年願望最終都沒有達成，原因來自完美主義、規畫謬誤、放棄等三個面向。我聯想到自己喜歡的一部動漫《死亡筆記本》中的死神路克，所以便把角色畫進筆記中，這也是視覺筆記的好處之一，你可以加入喜歡的元素讓知識更有趣好記。這本書的內容是探索願望無法達成背後的原因，對我來說比較是單點式的，所以選用放射狀架構區隔出八個框架，再填入共鳴的觀點或金句。

↑《完成》閱讀筆記

3. 時間脈絡的路徑型

所有筆記架構中我最常用的莫過於這個了，因為有明確的視覺動線，不怕閱讀者不知從何看起，同時也能自由安排話題組的位置，操作性與變化性相當大，特點如下：

- 簡單好操作，適合有時間、步驟脈絡的資訊，如自傳、故事、歷史、旅遊行程，要依照演講、書籍章節的順序也可以。
- 決定標題位置再畫出視覺動線，可用線條、色塊等形式。
- 路徑上的知識點可依內容或觀點比重來做大小變化，避免過於制式。
- 以人像表情對話框做總結。

以下圖《歡迎來到志祺七七》這本書的閱讀筆記為例。我以志祺和自己的關係、和工作的關係、和社會的關係三個面向來分享，從求學到畢業進入社會、創作的記錄與心得，這裡我選擇用路徑的時間順序來呈現有共鳴的關鍵字。但如果讓我再畫一次，我會再加上書中的案例與自己的個人經驗，以及更多個人想法與行動，這也是我為何要設計視覺模板的原因。當我們不清楚筆記完成後要如何應用，想解決自己什麼問題時，很容易成為美化書籍知識的美工，完成一篇篇美麗的筆記作品，但對於人生卻十分有限，這是我曾經踩過的坑，也希望藉由本書的分享讓大家避開這些陷阱。

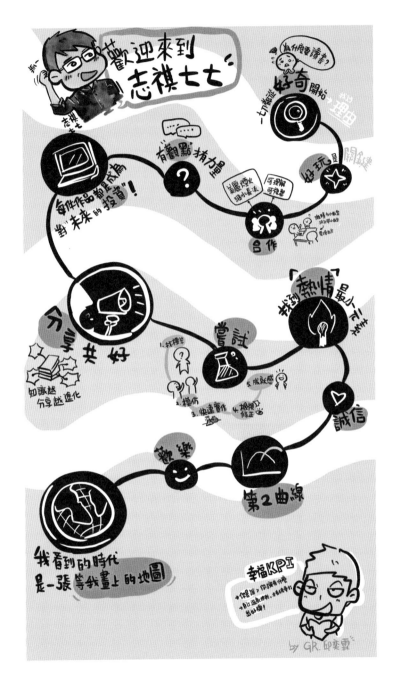

↑《歡迎來到志祺七七》閱讀筆記

4. 變化多元的塊狀型

看到塊狀這兩個字，我想你應該很熟悉運用這種架構的佼佼者吧！沒錯，就是漫畫，我也曾經用漫畫的形式作筆記，特別適合分享個人生命經驗與故事的主題，藉由漫畫形式可以展現遇到的困難、當時的想法，如何轉念、做什麼努力及獲得的學習啟發。這種形式有個好處，讓我們聚焦行為背後的思維，而非表面上的金句、成就。塊狀型架構有以下特點：

● 以塊狀整理類別式資訊，方便閱讀。

● 漫畫塊狀式架構適合單一案例情境，強調對話、作者心中的想法。

● 如果資訊間有時間順序，一樣可以加上標號與箭頭來輔助理解。

● 主標題呈現要明確顯眼。

● 顏色應用建議以三色為上限，通常是主題色搭配黑、白兩色呈現。

● 為避免成為制式九宮格，各塊狀間可以彼此搭配，國外有專門以此形式作筆記的專家，展現出來的變化與創意總是讓人驚豔！

↑ 用漫畫塊狀式架構來強調對話、作者心中的想法

以《三無世代》這本書的閱讀筆記為例，我用1、2、3等標號來呈現順序，左上角呈現三無，往下提到專家時代的來臨有五個要點要特別注意，右上角則是提升市價的八個重點，標題運用人像與對話框來表示（你會發現我超愛用人像圖，原因是因為讀者也最愛看跟人有關的圖像），這裡加點小巧思，就是腳上風火輪，踩著生產力與創造力，表達未來人才的兩大核心能力。

↑《三無世代》閱讀筆記

5. 結合圖解框架的混合型架構

最後，我想用這張《為何要圖解思考》的閱讀筆記來告訴大家，以上分享的視覺筆記架構只是提供參考方向，最高原則在於**有效傳遞資訊與個人觀點，讓人想看、看懂及有用**。Chapter 3介紹的圖解框架都可以呈現在筆記中，一來強迫練習二來也有助理解，但切記圖解框架每篇以一個為主，不要貪心地全用上了。除非可以做出有效的區隔，像線性型架構的黃金圈分類，你就可以放入不同的圖解框架。但在這章節的最後還是容許我老話一句：「看懂比美醜更重要，以終為始，清楚知道筆記的目的，而非流於追求筆記的形式與表象。」接下來，我們就將進入到文字轉圖像的環節囉！

↑《為何要圖解思考》閱讀筆記

在掌握了視覺筆記構成三要素與常見架構之後，大家可以再回來看看手邊那張筆記模板右上角的「表達框架」欄位，這個區塊設計的目的在於幫助你**將給自己用的筆記，快速轉換成對外表達的筆記形式**。這也是過往我最常卡

關、耗費最多時間的環節。大家可以試著思考，看完這本書後，你要如何用一張紙告訴身邊朋友這本書的重點與學習呢？你會如何規畫標題？選擇用什麼架構？次標題與結論如何搭配？選擇什麼主色調呢？

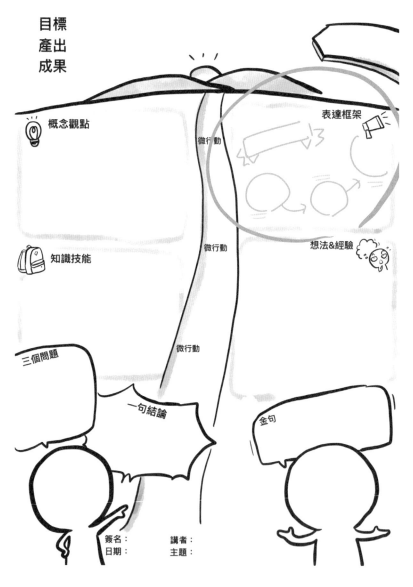

⬆ 模板中的「表達框架」欄位是為了幫助你快速把筆記轉換成對外表達的形式

Chapter 4
回顧地圖

五大
常見架構

構圖與層次設計

A設計你的
筆記架構

視覺筆記三元素
標題、話題組、視覺動線

回顧練習

● 請說說視覺筆記有哪三個主要元素呢？

_____

● 挑戰看看畫出十種標題的畫法？

_____

● 分享你覺得最好用的三種方法來呈現視覺層次？爲什麼？

_____

● 五種常見的視覺架構中，你最喜歡哪一種？原因爲何？以及你享用這架
　構來處理哪些類型的資訊？

_____

CHAPTER

5

文圖轉換的祕密

1 視覺語言3部曲

1. 找回你的視覺語言,有用才有用

在文字被發明出來之前,祖先們便是用圖像作為語言,來記錄、表達、溝通資訊,小時候我們依循本能拿著畫筆肆意塗鴉,但上了幼稚園、國小之後,我們開始接觸「文字」,從此「畫圖」被定調為才藝、創作、興趣。我們對於圖像的成果,無形中開始以美醜、藝術性、繪畫技巧、像不像為指標,形塑出「畫圖就應該要這樣」的認知框架,這真是誤會大了啊!(相關的原則與迷思在第1章提過。)

這章節除了分享畫圖的常見元素外,更重要的是以「語言」的角度,幫助大家找回與生俱來的圖像語言能力,以下從三個面向說起。

建構學習視覺語言的脈絡

如同學習語言的過程,是從單字量累積,再發展為句子、段落,最終才是一篇完整的文章,如果你想學會「視覺語言」,也可以依循這樣的脈絡來練習。

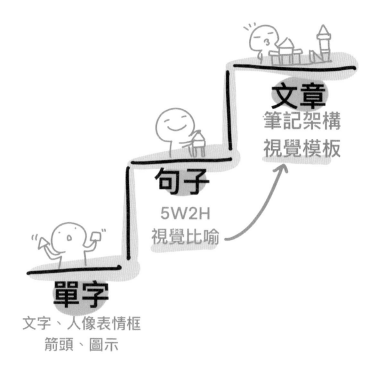

⇒ 學習視覺語言的過程與任何語言相似

1. 單字：累積圖像的資料庫，從日常開始

常見的圖像元素有人像、表情、框、箭頭、圖示、圖表，該從哪裡下手？這答案和學習任何語言一樣，秉持著「有用才有用」的原則，我建議從日常生活常用的素材開始累積，搭配平常接觸的文字資訊練習圖解，建立圖庫。這樣做有兩大好處，首先是符合雙碼理論幫助記憶，第二則是同步累積兩套語言資料庫，是不是超級划算！

如何累積單字庫？

- 搭配課本、日記、平常接觸的工作資訊，嘗試將文字轉換成圖像。
- 參考I-CON網站裡頭的圖像模仿練習。
- 模仿Line貼圖，練習人物表情。
- 參加相關社團蒐集作品、素材並模仿參考。

2. 句子：掌握資訊邏輯、建構情境與視覺比喻

還記得Chapter 3的圖解框架嗎？適用於內容較多的圖像形式。還有一種常用的思考點是5W2H，包含WHO、WHAT、WHERE、WHEN、WHY、HOW、HOW MANY七大面向，重點在於打破條列文字的局限，從更多元的角度來拆解與表達，掌握資訊邏輯。

另外一個面向則是情境，特別是針對案例、故事、事件等資訊時，最適合運用視覺句子的組合來呈現。

綜合以上兩點的最佳圖解方式叫做「視覺比喻」，還記得在提取重點的單元中，我提到筆記的資訊分為「外部」與「內部」資訊，視覺比喻就是巧妙地連結兩者所設計出來的圖像。

如何累積句子庫？

- 圖解框架的每日練習。
- 5W2H的實際拆解。
- 嘗試對書籍或演講、課程中的案例來圖解情境。
- 蒐集書中的公式、圖解、視覺比喻素材。

3. 文章：架構為王，圖像是醬汁

一篇視覺筆記最重要的主角不是圖像本身（如果是那就成了插畫），而是架構。主要以標題、話題組與視覺動線構成，常見有線性、路徑、放射、塊狀與混和型五種，一份擁有好架構的筆記讓人容易閱讀理解並且明確看出觀點，而非令人眼花撩亂，找不到重點。

如何累積文章庫？

- 多看國內外視覺筆記作品，掌握架構、視覺層次與配色。
- 套用視覺模板來練習並隨著使用經驗調整修改。
- 閱讀相關書籍與課程學習。

了解語言的目的本質

從「語言的角度」看待圖像，你會更加理解：「畫圖的主要目的在溝通與傳遞訊息。」以中文與文學為例，無論是寫信、訊息與人溝通，還是寫文案銷售、閱讀心得來擴展影響力，或是撰寫工作報告獲得主管肯定等，都是

以「中文為手段來達成目的」的過程，而非寫出文藻詞彙豐富、寫作技巧高超、引經據典的「文學作品」，視覺語言也是這個道理。

懂得活用圖像而非受限於筆記形式

看到這裡大家應該注意到了，使用視覺語言的形式並非只有「筆記」一種，可以是寫日記時搭配表情圖像來呈現心情，或是上課時聽到一個事件把它畫在課本，當然有時也會像我應用視覺模板記錄一本書的讀後心得。依照目的不同，大家可以自行選擇最適合的視覺語言形式，千萬別被「筆記」這兩字設限。

2. 左手只是輔助，圖像與文字的關係

《灌籃高手》中有一幕經典場景，是主角櫻木花道在投最後一擊時，說著「左手只是輔助」這句口訣來提醒自己。透過這幾年圖像學習與實踐過程，我發現「圖像其實也只是輔助」，是我們的非慣用手，而慣用手則是「文字」，放棄哪邊都像是自廢一條手臂，以單手應戰般可惜，偏偏這正是常見的現況。接下來的環節將幫助你鍛鍊圖像這個非慣用手，準備好紙筆，出發吧！

2 單字篇：發揮文字的最大價值

　　在視覺筆記課堂中，有時學員會問：「做視覺筆記是否需要學寫POP藝術字體呢？」如果目的是溝通，我的答案是不用。但如果今天接的是一場視覺記錄專案、收費的知識圖解，藝術字體可以展現專業、吸引閱讀者注意，那麼我建議可以學習幾種常用的形式即可。

1. 視覺筆記中，文字所扮演的角色類型

　　回到視覺筆記，「文字」通常會怎麼使用，又會出現在哪裡呢？我們可以透過下面這張《思考的框架》閱讀筆記來解析。

↑《思考的框架》閱讀筆記

大綱

視覺筆記的內容骨幹，我會先在白紙上寫出標題、次標、關鍵字、結論等項目，然後圈選前三順序的重點，這是筆記內容的重要前提，略過這環節將導致重點不明或整體架構混亂。

標題

筆記中的標題目的無非在於：

清楚主題一目了然

這是最基本、安全的方式，像這份筆記直接寫出書名《思考的框架》，好處是方便理解，缺點則是較難吸睛，所以圖像的輔助就顯得重要（這份筆記是直接貼上作者照片）。

引起好奇吸引注意

最簡單的方式是運用疑問句、破題句來呈現，尤其是說出或挑戰閱讀者心中的困擾或想法時，效果特別好。同樣以《思考的框架》為例，例如：「面對問題你是否常腦袋一片空白？」「大多數人的思考框架都是錯的！」接著搭配解決問題的內容或佐證。這方式的優點是創造吸睛效果，並且清楚呈現觀點，但缺點是小心淪為罐頭標題與主題連結性薄弱，就像勾起你想吃甜點的渴望卻遲遲無法吃到般糾結，很容易讓閱讀者產生受騙的感受。

數字清單有收穫感

像是五步驟讓你打造正確的思考習慣、避開三大思考盲點、思考框架的七個模式等，都能讓閱讀者看到標題立刻產生收穫豐富的感受，在社群媒體傳播的視覺筆記，我會提高這類型標題設計的比重。

關鍵字

經常出現在次標題、原則、流程要點、知識點、項目等，好處是簡潔有力，缺點是容易流於表象而非真正理解，建議搭配自己的生活經驗來舉例。

摘要文

之前提過筆記中文字以兩行為上限，這篇筆記對於思維模型的看法，就是用兩行文字呈現。其他像是研究或事件的重點、一個段落的內容濃縮等，則

是採用摘要文形式。近年來大部分書籍都會做好摘要，雖然貼心但我建議大家還是要試著自己動手，因為這過程可以訓練篩選資訊、凸顯重點的能力，千萬別外包。

對話

就是案例、事件中主要關係人的對白、腦中的想法等資訊，當然還是會用文字呈現，但為了方便閱讀瀏覽，對話文字不宜過小，並且避免超過三行。

金句名言

我常搭配作者／講者圖像與對話框來呈現金句名言，但我想特別提醒大家適度篩選，給自己一些限制（例如只能挑三句），讓學習的內容更深刻。

結論、行動建議／呼籲

筆記中務必加上你自己的心得總結，以免成為書籍的美化版目錄或演講的圖解大綱，同時也建議加上「行動呼籲與建議」，讓閱讀者在讀完筆記之後，能更有線索參考執行。

作者簽名、日期

你的簽名、閱讀日期等資訊也別忘了，未來方便辨識與查找。

2. 視覺筆記中，文字應用的原則

一開始製作視覺筆記，可能會有文字比重過大，導致圖像成為插圖裝飾的狀況。只要掌握筆記架構以及文字不超過兩行這兩大原則，就能逐步調整圖文比例為六比四的理想狀態，至於如何讓文字效果發揮到最大，以下有幾點心得提供參考：

- 字體乾淨好懂，切勿過於複雜。
- 字形以兩種為原則，適合用在標題與內容的對比呈現效果。
- 顏色以三色為上限，不同顏色代表不同資訊層級。
- 文字間的區隔要明確，避免與其他話題組內容混淆。
- 盡量不使用過淺的顏色，除非搭配深色色塊為背景。

③ 單字篇：立即掌握情境力 （人像、表情、框）

如果問我最推薦哪一個圖像元素，答案莫過於「人像組合包」。原因在於我們都喜歡看「跟人有關的圖像」，以及人像能有效創造共鳴、投射與幫助記憶。

1. 以人為本，我們都是從火柴人進化過來的

火柴人

這應該是我們所有人的起點，可以用來製作視覺筆記嗎？說實話一開始我真覺得不行，認為火柴人過於潦草不夠完整（你看！我也在無形中落入美醜的評斷），直到後來接觸國外視覺筆記作品，甚至看到人氣部落客提姆·厄本在TED的演講影片《拖延大師的腦子在想什麼》後，讓我對火柴人大為改觀。

演講中，提姆把大腦的主要構造擬人化為人、猴子與恐慌怪獸，線條簡單到你我都能畫得出來。提姆甚至有一個部落格〈Wait But Why〉是運用火柴人插圖來傳遞知識，風格有趣幽默，可說是使用火柴人圖像的代表。

↑ 火柴人是畫人的起點

↑ 提姆・厄本把大腦的主要構造擬人化

幾何人，包含方塊、A字人

用基礎的火柴人結合幾何圖形，讓人像身體不再只有線條，也可以加上服裝、領帶等配件，傳達更多訊息。另一方面，A字人與方塊人也時常被運用來區別女性、男性，不過要怎麼使用還是得看你想傳達什麼內容，別被圖像限制了喔。

星星人

星星人是我最愛的人像畫法，一來身體軀幹可做服裝、配件補充，二來手腳也不再是線條，不僅傳達的訊息更多，也能避免線條與線條間混淆（就像

是火柴人在跳繩、打毛線之類的複雜動作）。另外還有一種簡易畫法，就是單純畫出頭與身體，這畫法適合用在缺乏肢體變化時，如坐在桌前打電腦、看書、排隊、一群人站在一起等。我們不需花時間描繪他的坐姿、打字的動作、排隊的人在做什麼，除非你想表達一般人常見排隊的反應，那就需要描繪得更具體。由此可見，圖像的精細度與元素，全都取決於你想表達的事物，以及希望閱讀者看到後的反應，也再次凸顯一開始清楚對象與目的的重要性。

Q版人

以上三種都不是我平常的畫法，怎麼辦？我猜你應該是用Q版、自己喜歡的漫畫角色甚至用貓咪小狗等動物來代表自己，想必筆記、手帳應該相當精采豐富，這種畫法更棒，有以下三個好處。

個人品牌無可取代

特別是代表自己的Q版人像搭配結論，是建立個人品牌絕佳的方式，也是網路上的ICON圖示無法取代的價值。

強化筆記與自己的連結

當你在筆記上畫出一個代表自己的圖像，這份筆記與你的關係也變得更緊密，宛如小說中的主角、漫畫裡的英雄，提升未來回頭查看筆記的動力。

自我對話的刻意練習

你對這本書有什麼想法？作者為何要寫這本書？這本書寫得好與不好的地方是？有時很多抽象思考很困難且嚴肅，但透過畫出代表自己的圖像，在紙上營造出自我對話的效果，不只有趣也很好用。

2. 人像圖的常見用法，你也能成爲畫圖高手

前面提過，文字加框可以呈現任何事物，再透過箭頭掌握資訊間的關係，這部分屬於理性邏輯區塊。但畢竟我們是理性與感性兼具的動物，如果把框換成人形（如下圖所示），是否比純粹的方框更能吸引注意呢？接下來我要分享平常繪製人像的方法，建議以用途廣泛的「星星人」一起練習看看吧！

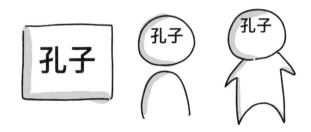

人物類

代表自己

不會畫Q版人像沒關係，用星星人簡單加工也可以完成，像是加上眼鏡、髮型、服裝、配件等，描繪一個代表自己的人像。

故事、案例角色、事件關係人

畫出一則新聞或歷史事件的主要關係人，再搭配箭頭即可掌握彼此的關係，或者用來描繪一個情境，都相當好用。

客戶、目標對象

運用人像來思考目標對象的需求、痛點、期待，或是把問題情境描繪出來，會比抽象的猜想、口語文字表達來得有效。

非人物類

大範圍群體、單位、組織

像是公司、國家、朝代、行政機關（立法院、行政院等）等。

群體類別

像是DISC性格分析、血型、星座、家中排行等。

抽象概念

像是脆弱與反脆弱、成長型思維與固定型思維、素養等。

學科知識類

像是化學元素、生物細胞、身體器官、地球星球等。

　用人的資訊（既有知識）來表達筆記內容（新的知識），知識擬人化後會變得可愛又親近。畫出來也可以幫助你學得更扎實、記得更久，因為這個圖像是從你腦中挖掘出來的，用你的手握著筆一筆一畫完成的。過程中也會促進理解與轉化知識，舉個例子，假如要把台灣高山擬化成人，請問丘陵這種地形的人長什麼樣子？於是我們必須先理解高山與丘陵地形的差異，甚至找到相關的數據（如占全台的比例、代表的高山／丘陵名稱等），如果盆地變成人呢？又會長什麼樣子？大家不妨試著畫畫看。

3. 善用「框的力量」，視覺聚焦、降低雜訊

　當我們運用人像呈現資訊時，會在視覺上建立出一個焦點，接著必須搭配一些文字內容，這時別急著寫出來，而是善用「框的力量」。讓讀者優先看見框內文字，也能避免與周圍文字混淆，接下來推薦我自己常用的五大類型框架，以及各自常用的主題，當然也歡迎你腦力激盪想想看，還可以有哪些用法喔！

標題框

這是作筆記或進行圖解思考時的起手式，避免記錄一堆到後來忘了主題，以及在回顧瀏覽、對外表達時，讓人快速理解內容。既然都使用標題框了，別忘了搭配視覺構圖由上而下、由左至右、由內而外的原則放置位置。並確保大小足以讓人立刻看見，這是標題框能否發揮功能的關鍵。

對話框

舉凡兩人對話、新聞事件關係人所表達的意見，甚至設計思考目標對象的痛點情境、客戶所遇到的問題（當然擬人化也能呈現對話效果），都能運用人像搭配對話框的形式，塑造情境氛圍。也省去大筆時間與文字記錄，讓閱讀者快速在腦中建構相同畫面，這點無論是生活或職場溝通都相當重要。

字數仍然建議以兩行為限，如果這角色說了很多內容，一來要篩選而非照單全收，二來可以運用對話框的大小，以及由下而上的排列順序，將對話內容依照說話順序與重要程度來圖解呈現。

想像框

我常說大腦很會腦補，不過前提是要提供線索讓大腦在記憶庫裡搜尋。什麼樣的線索可以讓大腦查得又快又豐富呢？答案就是圖像。各位可以試著在白紙上畫個星星人，寫上任何角色的名字，可能是歷史人物、電影角色、身邊親朋好友，這時看著圖我們開始腦補思考了，他在擔心、焦慮、盤算、策略、規畫、作夢、幻想、期待等等畫面會快速出現在腦海中。

另一方面，我們也能用想像框來訓練具體思考，客戶在想什麼？這專案關係人各自的期待是什麼？明年的目標是什麼？這就凸顯了框的功能：「空白的框可以幫助我們運用想像與思考填滿它。」

情緒框

相比所有框內的資訊，情緒框算是最少的一種，主要以口語、行動號召、情緒字眼、語助詞、疑問句、命令、金句，甚至是結論等文字內容為主，我自己比較常用於作者金句或我自己的總結。

如同前述所說，框可以聚焦，但如果一份筆記中出現過多就無法展現效

果，重複出現相同類型的框也會讓資訊層次顯得混亂。所以在記錄資訊時，我喜歡搭配標題（主題）、對話／想像二擇一（視情境而定）、情緒框（結論），讓各種框都能對應各自不同的資訊類型，也是建構資訊層次很好的方法。

資訊框

　　這種類型的框比較像是補充資訊，閱讀漫畫時應該會發現，當作者想描繪一件事件背景或發展脈絡時，都會用方型框加上不少文字呈現，視覺筆記也是如此。比如補充的網站資源、作者簡介、推薦書單等可獨立於筆記主要脈絡的資訊，我就會用資訊框來表達，至於資訊框的形式很多，像是相框、指引牌、便利貼框等都是我習慣使用的，提供大家參考。

4. 人是感性的動物，掌握閱讀者情緒的祕密武器

《世界記憶力大賽冠軍的高效記憶筆記》一書作者君特·卡斯騰提到，一份記憶裡面包含的情緒越強烈，大腦對於該記憶的印象就越深刻。在《腦覺醒記憶教練》書中也談到，讓大腦感覺開心、有趣的資訊更容易被轉換到長期記憶裡，由此可見，資訊的「情緒力」有多麼重要。

要怎麼讓筆記資訊具有情緒力呢？日常生活中有個最佳代表，沒錯！就是從小到大都在看的「漫畫」！當然筆記不需要劇情高潮迭起，但有個既簡單又有效的元素，就是「表情符號」。

關於表情，我想先問問大家：「要表達某個表情，眉毛、眼睛、鼻子、嘴巴，哪個部位不畫出來也沒關係？」我個人覺得是鼻子，眉毛＋嘴巴則是決定情緒的關鍵。眼睛當然也是重要的存在，但我偏好簡單，避免使用像少女漫畫般星光閃爍的眼睛，一來太花時間，二來有時空靈與空洞只在一線之隔啊！

表情圖分為兩大類，分別是正向表情與負向表情。你最常感受到那些情緒？練習畫出來吧！也可以試著畫出工作上經常接觸的人與情緒狀態，一來累積表情圖庫，二來強化觀察力。以下提供兩個參考原則。

1. 不要過於單調

雖然說圖像不要太複雜，但過於精簡，只有兩點一微笑，乍看跟網路找的ICON無異，手繪的效果就出不來了。

2. 不要過於複雜

我曾經刻意練習《海賊王》裡超誇張的表情，但沒過多久就忘了，因為真沒什麼機會用上，沒用就「沒用」，大腦自然會遺忘。

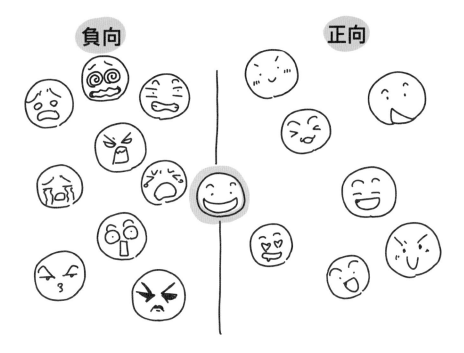

表情圖在筆記中應用的面向，以下整理四個方向：

情境案例、故事、事件角色的情緒資訊

展現出人物的情緒，讓對話更有情緒。無論在表達或記憶上，也能讓大腦印象深刻。

自己的心得感受

搭配情緒框的結論會更有力道。

擬人化

之前提到人像框的擬人化技巧，這裡你也可以在不改變事物的輪廓下加上表情，建立擬人化的效果。

幫助想像與討論

　　比如公司要針對客戶痛點討論一個解決方案，可以透過人像與對話框呈現客戶在使用產品上遇到的問題，但請問大家感受得到客戶的困擾、焦慮、不開心嗎？要如何確保大家能同理這個狀態去發展提案？最簡單的方式就是加上表情！當我們自己動手畫表情時，無形中也會換位思考，如此一來討論就更能聚焦。

　　同樣也可以應用在人生規畫，我們習慣條列式列出夢想清單，但能想像自己完成時的模樣與心情嗎？透過畫出來，可以幫助我們駕馭想像，也建立期待，這也是我經常使用表情圖的方式。

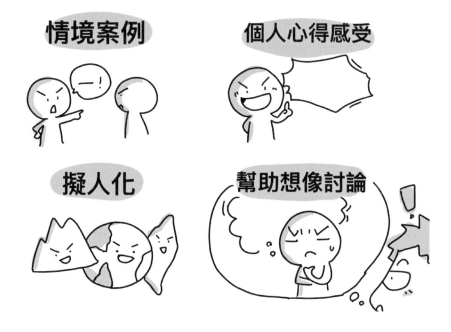

　　接下來，大家可以試著做做看這兩個練習：

畫出負向、正向表情各四種

　　先從日常感受比較多的情緒開始，也可以參考經常使用的LINE貼圖表情。

結合人像、表情、對話框

試著用一張圖結合這三種要素，你會發現自己已經擁有呈現所有情境的能力。

5. 向漫畫學習，畫龍點睛的高手暗箱

看到這相信各位應該發現我是一個超級愛看漫畫的人吧！看漫畫可不只有感受劇情與主角魅力，也能學習一些小技巧應用在筆記中，以下分享我常用的「特效符號」，簡單、好用，特別適合在你想強調、凸顯的重點資訊，或是增強情緒，都可以參考以下特效符號。

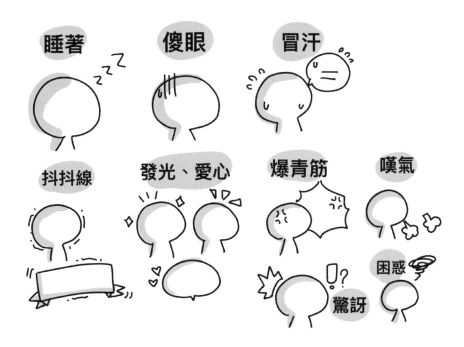

● 睡著三個Z：表達疲憊、想睡、睡著、無聊等狀態。

● 傻眼三條線：常搭配尷尬、焦慮、呆掉、不安等情緒使用。

● 冒汗：緊張、疲累、慌張等表情加強。

● 抖抖線：這是我最常使用來搭配框的特效，大家可以感受一下有加抖抖線與沒加抖抖線這兩個框，哪一個吸引你注意呢？

● 發光、愛心：舉凡想加強正向情緒效果，發光、愛心圖用下去就對了。

● 爆青筋：生氣爆青筋這點已經算是直覺反應了，有時甚至單純只有文字的對話框，加上青筋圖都能感受到文字的憤怒值。

● 嘆氣：當角色難過、垂頭喪氣、抱怨、哀怨等狀態，加個嘆氣會更有fu。

● 驚訝：這也是我常用的特效，當呈現有關迷思、錯誤認知、壞習慣、驚人數據、新發線等資訊時，可以用它來強化印象。

● 困惑：痛點情境中時常使用，問題情境搭配負向表情框可說是黃金組合。

4 單字篇：
日常與符號圖像

介紹完人像、表情、框之後，大概七成資訊都能夠描繪出來了，剩下的三成便是日常生活事物與抽象概念，以及符號圖像。

在開始前我先考考大家，請各位用「COUSS」這五個字母來組合畫出一杯咖啡，可以在白紙上自由排列組合應用以上五個字母。這道題目沒有標準答案，重點是想提醒大家，當我們用圖像表達時，只要掌握「輪廓＋特徵」即可，不用鉅細靡遺地把所有細節都畫出來，別忘了，我們的目的在於溝通與傳遞資訊喔！

1. 圖解日常生活大小事的關鍵方法

推薦以下三種方式進行，建議按照順序操作。

在腦海中搜尋圖像，畫出輪廓加上特徵

- 好處：資訊與自身連結性強，由於是從自己腦中挖掘出來的圖像，記憶會更深刻，也更容易延伸到後面章節介紹的視覺比喻效果。
- 缺點：會花費比較多時間，有時腦中有圖像但無法轉成線條而卡關，這時可以搭配下一步驟，找出ICON圖做為參考。

上網找I-CON圖示，模仿練習

- 好處：精簡的圖像線條便於模仿練習，適合累積具體事物圖像庫，面對毫無概念的抽象或專有名詞，也可透過ICON圖示給自己一些靈感。
- 缺點：過於方便容易讓我們習於外包，缺乏資訊與自身內在經驗的連結，減少思考的過程。

推薦網路資源

- Noun Project：這是我最常使用的網站，包羅萬象，只要打上關鍵字搜尋就可以找到對應的圖像參考。
- Flaticon：這網站的好處除了免費下載外，還能自己成為圖標作者上傳作品。
- IconStore：圖示有風格主題區分，可以避免風格不一致。

上網找插圖，模仿練習

- 好處：圖像豐富不限於ICON圖，可能也會搜尋到其他手繪圖參考。
- 缺點：資訊太雜，圖像有時細節太多，要嘛太難要嘛不好用。

以下分享我是如何使用九宮格來累積我的圖像庫吧！首先針對具體的生活事物類，這邊我以教室為主（寫在中間格子），接下來畫出八個教室裡常用、常看見的物品圖，我很喜歡這個練習，因為你會發現：「儘管每天花這麼多時間在教室，但其實很多東西你都不曾注意過。」透過畫圖的輸出，會逼著我們連結既有經驗、記憶，並提升日常生活觀察的多樣化與細緻性，這是我從國中開始每天在聯絡簿上畫圖記錄班上大小事的心得。你也可以任意替換主題為辦公室、廚房、房間，這些日常熟悉的生活場域進行。

- 針對主題，在腦海中搜尋相關的物品。
- 進行篩選，挑出常用、重要的圖像。
- 回想物品外表，嘗試描繪。
- 卡住畫不出來時，上網找ICON圖參考。曾有一說：「一張圖只要畫三次，你就會了。」如果真的還不會？沒關係，就再多畫幾次吧！
- 完成九宮格，挑戰下一張！

　除了具體圖像，我們平常接觸的資訊還有一大區塊是抽象的，這也是視覺筆記圖像的價值所在。過去我們用文字抄寫這些知識，但抄寫完不代表理解，更別說舉一反三提供舉例，連結到自己的生活經驗了。

　這時一樣可以搭配九宮格，把抽象詞彙寫在中間，比如《場景行銷模式》作者馬修・史威茲對「場景式行銷」的定義是：「幫顧客達成眼下目標，突破雜訊、策動消費者的方法。」好！讓我們挑戰看看，用周圍八個格子畫出代表這概念的圖像。

　過程中覺得卡關、耗費時間、不知所措都是正常，因為過往我們習慣的文字抄寫很難打開大腦思考的各個面向。要畫出概念就必須先理解，找出生活中類似的案例，甚至有沒有類似情緒的感受、其他相關書籍曾看過的知識等，這個過程都在建立大腦資訊的連結，一旦完成，資訊就不容易被忘記了。

　不過當然也不是天馬行空胡思亂想，你可以試試以「人事時地物」這些面向思考，也可以上網搜尋對應的ICON圖示尋找靈感，成功描繪出來後，恭喜你！你對於場景式行銷這概念有了更深且個人觀點的詮釋了。

2. 視覺筆記中常見的符號圖像

標號

清單式內容的要點、順序資訊可用標號讓人理解，也是我自己在製作筆記內容大綱時一定會使用的元素。

括號、引號

當一個重點要展開細項資訊時就用括號呈現，像金句、結論等重要訊息也能搭配引號凸顯出來。

分隔線

有效區隔各類別資訊的差異，避免混淆也方便閱讀。

箭頭

掌握資訊關係最好用的元素就是箭頭，也能作為資訊的補充、視覺關注的

提醒，同時也建議發想任何能呈現「方向性」的圖像避免過於單調。但還是要提醒大家別走火入魔，一張筆記用了十幾種方向性的圖像，可是會讓人頭昏眼花的喔。

簽名

這超級重要啊！千萬記得放上你的名字。

顏色

你可以自行賦予顏色意義，幫助區隔資訊類別，我常用的顏色使用是：

● 黑色：內容、細節資訊。

● 藍色：標題、次標題。

● 紅色：補充、不熟的地方、曾經寫錯的區塊。

● 自動鉛筆：有疑問的地方我會用自動筆寫上，獲得解答後擦除。

另外推薦大家試試灰色麥克筆，製作視覺筆記圖像時，可以透過簡單的陰影線條，讓圖像變得立體，更容易吸引目光！

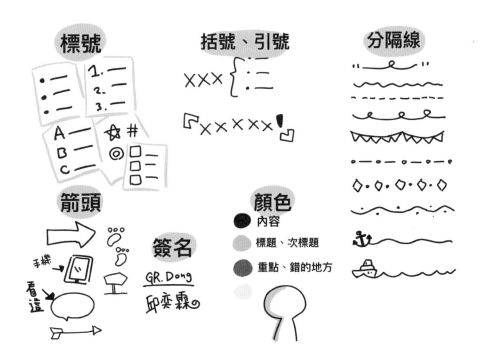

句子篇：
用5W2H啟動圖像溝通力

1. 快速回顧過往章節內容背後的價值

　　這本書我用筆記製作流程為主要架構，來與大家分享我這幾年實踐視覺筆記的經驗與心得，不過我有個期待（或是擔心），就是大家雖然看見了「原來畫圖可以用來作筆記」，卻也因此被「筆記」這兩個字的框架所限制，更大的應用目的應該在於溝通，而筆記是我覺得最基礎、簡單的開始。因此在進入這單元之前，我想快速回顧一下前面章節想傳達給大家的價值。

目的與對象

　　這是所有資訊整理與表達的核心思維，無論最終是視覺筆記、簡報、工作報告、企畫等形式都適用。

提取重點

　　資訊可區分為內部與外部，掌握兩者的比重創造交集，以及拆解各面向內容取決於掌握重點的能力，也是資訊整理的核心思維。

掌握關聯

　　介紹圖解思考的流程與常用框架，學會運用圖像提升資訊邏輯的能力，這裡可分為兩個面向，其一是開放性思考找出點子、挖掘解答，其二是資訊表達。

建立架構

　　如何快速統整重點、清楚表達？最快的方式是建立架構，也是圖解思考第

二面向資訊表達更完整的呈現，同樣的邏輯也適用於各種資訊圖解的形式。

文圖轉換

把圖像視為一種「語言」來看待，從視覺單字到視覺句子甚至視覺文章的累積，放大你對畫圖應用的想像，讓你的溝通文圖並茂。

圖像應用並不是一定要完成一張完整的視覺筆記，有時一段文字搭配圖像呈現，或是當一段話缺乏完整架構時，視覺筆記就能派上用場，這也是這單元裡我想跟大家分享的視覺句子，也是圖像溝通的核心。

2. 你知道人的視覺是可以預測的嗎？

雖然我們身處二十一世紀，但人類身體的機制與原始人其實並沒有太大差別，看待事物的視覺順序大同小異，也代表著，**你可以預測對方想看什麼！**

想像一下，如果你穿越時空成為一位原始人，身處在一大片茫茫草原當中，你會最先觀察什麼？通常大腦會快速蒐集以下資訊：

● 這裡有哪些人／動物？正在做什麼？（有沒有猛獸、敵人？是否有威脅？）

● 有多少數量？一群還是個別？（我打得贏嗎？戰鬥還是逃跑？）

● 我在哪裡？他們跟我的距離多遠？（我要多快逃離現場？被攻擊的風險有多高？）

以上三點基本上會快速在10秒內蒐集完成，為的就是確保「我是安全的」，畢竟如果要花費好幾分鐘才能判斷戰或逃，我想你很難在大自然裡生存，無論是獵殺動物來進食，還是逃避野獸的攻擊。

● 隨著時間變化你會觀察他們的狀態是否有改變？比如遠方的野獸距離我們越來越近，以此判斷如何應對。

● 接著才會思考他們是如何運作的、彼此間的關係等，比如原來牛群是一起行動的，會有一頭領導群體移動等。

● 最後，是最抽象的思考。「為什麼」這群牛群會在這裡？為什麼這時會有野獸出現？我為什麼要在這裡？

回到現代生活也是一樣，以大家熟悉的開會場景來看，當你一早進入會議室時，你的大腦資訊蒐集運作如下：

● 會議室裡有誰？他們正在做什麼？都坐好了還是還在閒聊？

● 有多少人已經到會議室了？

● 我的位置在哪？我旁邊坐誰？距離老闆多遠？

● 隨著時間變化觀察與會氣氛、老闆的情緒、討論的進展。

● 會議招開的流程是什麼？討論報告的步驟？主持人引導會議的過程如何？有什麼可以調整或很好的地方？

● 我為什麼要來開這個會？這會議為什麼要開？跟我有什麼關係？我們要來幹嘛？

同樣的，以上步驟通常會在幾分鐘之內搞定，因為在殘酷的職場中，快速做出正確判斷才足以活命。

儘管相隔數百萬年，我們接收資訊的順序依然沒有改變，身體機制的第一首要目標還是「為了生存」，那麼我們如何透過圖像快速呈現這些資訊呢？就從以下六個面向思考。

⬆ **相隔數百萬年，人類接收資訊的首要目的依然是「為了生存」**

1. Who與What情境圖，所有事物的關鍵起點

　　人是所有事物的核心，當你忽略了主體，讀者就會一頭霧水：「到底你說的、寫的跟誰有關？」曾有位日本資訊設計師提到：「資訊設計是一種關懷。」我很喜歡這句話，我們不該要求觀眾靠著想像自行建構內容畫面，一來是你無法確保每個人的想像一致，二來是沒有提供線索的想像很困難，作為資訊傳達者，這是很不負責任的行為，因此以人為主體的情境圖很重要。只要掌握了主體、行動（常用箭頭表示）、對話、表情四大元素，依照以下步驟便可輕鬆畫出。

❶ 用圖像呈現關鍵角色。

❷ 加上箭頭表達關係、行動。

❸ 加上圖像、文字補充。

　　情境圖又分為「客觀」與「主觀」兩種類型，主要差別在於「表情」是否為傳達重點。

客觀情境

　　還記得交換圖嗎？少了情緒與對話，通常以主體圖像和箭頭搭配關鍵字呈現，主要應用在客觀的資訊關係呈現。例如：我習慣一邊喝著咖啡一邊閱讀。（如下圖左）

主觀情境

　　加入了對話與表情，情境彷彿瞬間有了生命，經常針對故事、經驗、情節、案例（想特別針對情緒時），還有未來想像，無論是工作願景、人生規畫、企畫目標等，都可以運用。例如：我今天很開心地一邊喝著咖啡一邊閱讀，思考著2022年的規畫。（如下頁圖右）

↑ 左圖爲客觀情境，右圖爲主觀情境

主觀情境因為有情緒比較有共鳴，不過表情是把雙面刃，畫上表情就代表了這個人物的情緒沒有其他可能的想像，當然也更具體呈現這個人的狀態，所以依照你的需求，讓圖像成為支持你傳遞觀點的素材，而非用圖像取代觀點喔！

2. How many圖表，讓數字有感的魔法

說到圖表我們都不陌生，簡報中也時常使用軟體內建的圖表來呈現資訊，但別忘了觀眾在意的是：「你想用這些資料告訴我什麼？」以及「資料內容是否容易理解。」大家可以參考以下步驟，展開圖表資訊的練習。

收集數據資料

首先要選擇適合的圖表，列舉幾種常見圖表如下：

圓餅圖

適合呈現每個項目占總數的比例，不過在《Google必修的圖表簡報術》一書中建議，盡量避免使用圓餅圖，因為人類對於面積的感知力比起線狀、

條狀來得差，因此在使用上我習慣加上圖像、特效符號來加強我想表達的觀點。

垂直長條圖

適合對比七種以下的分類資料差異。

水平長條圖

適合對比七種以上的分類資料差異。

折線圖

適合呈現時間、趨勢類資料變化。

嘗試將數字做替代轉換

數字本身很難理解，用生活事物來替代不只容易傳播，也是一種內化資訊很棒的過程，比如自2019年至2021年1月統計澳洲森林大火燃燒面積為171,000平方公里，看到這數字你有什麼想法？說真的我腦袋一片空白，但如果我們替換為以下兩個數字。

● 2萬4千個足球場，看起來好像還是無感（可能你對足球場多大也沒概念）。

● 4.7個台灣，這個呢？燒掉4.7個台灣，這時大腦才會發出「哇！」的聲音，因為這個資訊對你來說才有關聯，才能有效理解。

加上關鍵字

有了關鍵字能讓讀者更快聚焦,也便於你日後分類查詢。

運用圖像幫助理解與強化觀點

如果邀請你針對歷年台灣颱風的相關數據進行圖解,以下項目你會想到什麼圖像呢?雨量、死亡人數、財產損失金額、各個颱風。

這裡分享我很喜歡的圖文不符團隊,針對台灣這二十年來七大颱風設計的資訊圖表,看完是不是讓你印象深刻呢?

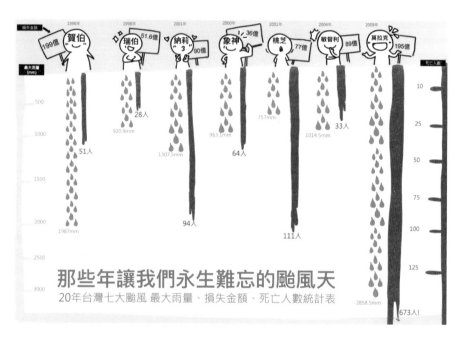

那些年讓我們永生難忘的颱風天
20年台灣七大颱風 最大雨量、損失金額、死亡人數統計表

挑戰看看

試著運用圖表來呈現以下資訊:

● 大腦處理視覺內容的速度比文字快6萬倍。

● 大腦占人體總重約2%,但占人體總耗能20%。

● 沒有一個人從不羨慕別人,只有少數人從沒被別人羨慕過。

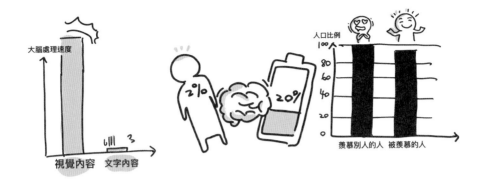

⬆ 想要多練資訊數字替換，可以參考世界即時統計網站worldometers

3. Where地點，搞清楚身處何方、要往哪去

地點資訊可分為兩個面向，具體與抽象。具體資訊主要是呈現該空間的特徵，以及讓主角有個立足點（比如站在哪裡？坐在哪裡？）抽象資訊則是透過座標軸、圓圈等線條來掌握資訊的範圍，參考操作步驟如下：

❶ 判斷是具體或抽象空間資訊。

❷ 畫出主體。

❸ 掌握整體範圍樣貌，如具體在路上，那地平線就要畫出來，抽象如矩陣圖，那就要先掌握兩個座標軸與範圍。

❹ 加上箭頭、圖像補充細節。

具體

單一空間

這裡我們可以搭配情境圖一起練習，請大家以手機末三碼來抽出題目，以我為例末三碼是556，這時我要挑戰的題目就是：「熱情地窩在角落做伸展運動。」練習描述具體空間輪廓、特徵的能力。

1. 開心地	1. 坐在床上	1. 冥想
2. 難過地	2. 待在客廳	2. 看書
3. 興奮地	3. 在教室裡	3. 思考要吃什麼
4. 焦慮地	4. 在書桌前	4. 滑手機
5. 熱情地	5. 窩在角落	5. 用電腦
6. 生氣地	6. 待在海邊	6. 做伸展運動
7. 發呆地	7. 在高山上	7. 寫日記
8. 困惑地	8. 在會議室	8. 跑步
9. 疲憊地	9. 在泳池裡	9. 睡覺
0. 理性地	0. 站在船上	0. 唱歌

相對空間

比如：「我們家與孩子就讀的學校中間有一個加油站。」可以畫出起點為家，另一端為學校，中間以線條相連，並標示出加油站。

 抽象

矩陣圖

針對資訊的相關性空間分布，比如：「我喜歡看的書，以圖像為主的是漫畫、圖解書籍，文字比較多的是小說或商業書集，不喜歡看的又是圖像為主的是電腦工具書，文字部分則是學術研究、考試用書。」

這段文字可能會讓你覺得有些混亂，一下喜歡一下不喜歡，一下以圖像為主一下又是文字，這時你可以運用之前介紹的矩陣圖圖解，並加上一點圖像來補充細節，也可以強調你想凸顯的重點區塊（如圖解書籍）。

曼陀羅圖

當資訊由小而大擴大，比如舒適區向外是學習圈，再外擴到恐慌圈，以此表達學習難度。或如經典的黃金圈法則，從核心的「為什麼」來表達你的信念、價值，再到「如何做」表達方法、系統，最外圍則是「做什麼」，也就是結果。

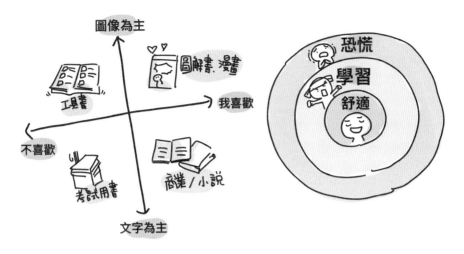

↑ 左為矩陣圖，右為曼陀羅圖示範

挑戰看看

試著畫出以下情境。

● 曾經令你印象深刻的用餐環境。

● 你家到捷運站的路上，會經過一家書局、一家餐廳，還有一家機車行。

● 請用喜歡／不喜歡的電影、國片／海外片兩個座標軸來畫出矩陣圖。

● 請畫出舒適圈、學習圈、恐慌圈，並分別填上一件事。

4. When時間，理清資訊順序，找出關鍵點

　　這是最為常見的資訊組合類型，包含比較抽象的「三段法」的過去、現在、未來／短、中、長期，或是具體的時間軸、甘特圖，如歷史事件、朝代表、事件始末、專案規畫等，都是我們經常用到的時間圖。另外搭配線條的高低起伏變化，也可以作為故事曲線來呈現旅遊經驗、人生、電影故事，大家可以參考以下操作步驟來畫畫看，除了整理時間脈絡的資訊外，也能用來思考進行未來規畫喔！

❶ 建立起點、終點，並搭配圖像，我習慣在起點畫個人，終點畫上旗幟。

❷ 用線連接起點、終點，並進行分段或高低變化。

❸ 在每個結點加上圖像與關鍵字。

❹ 針對重點進行強化或調整。

挑戰看看

試著畫出以下情境。

⬤ 美國打工旅遊分為四個時期，先後分別是適應期、享受期、無聊期與
　離開期。

⬤ 《拆解考試的技術》一書中提到黃金學習頻率，分為上課前預習、上
　課中學習、下課後複習，複習又分下課、晚上、週、月、季、半年等
　時段。

⬤ 距離營隊還有六個月，我必須於下週完成營隊企畫簽呈，預計一週內
　審核下來，五個月前完成講師餐飲住宿相關預約，四個月前行銷文案
　素材準備，三個月前進行線上宣傳，兩個月前寄發實體簡章，一個月
　前進行籌備會議。

⬤ 請回顧人生中的兩個挫折或難受經驗，以及三個開心或成就時刻，建
　構出你的人生回顧圖。

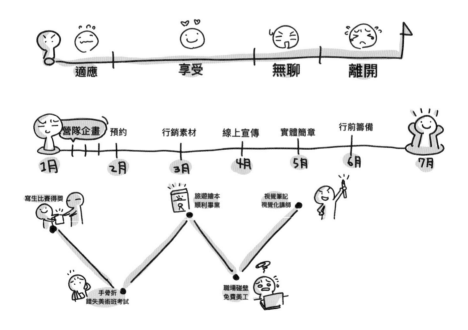

5. How如何，拆解步驟搭配圖像，提升共鳴

在面對有步驟、流程的資訊時，我們可以嘗試在流程邏輯框架中增添更多素材，為的不是單純裝飾吸睛，而是輔助理解、強調觀點，包含決策圖、顧客旅程、知識技巧步驟等，都可以參考以下操作步驟來畫畫看。

❶ 列出關鍵步驟、流程，用框來呈現各環節。

❷ 排列順序與重要程度。

❸ 填入關鍵字與圖像。

❹ 畫上箭頭串聯。

❺ 重點強化。

挑戰看看

試著畫出以下情境。

● 即將迎來連假，我想先看看台中有沒有喜歡的飯店可預訂，如果有就以台中來規畫相關行程，如果沒有則考慮桃園附近單日往返的行程。

● 你平常如何閱讀呢？試著用五到七個步驟圖解你的閱讀步驟。

● 選擇一部你很喜歡的漫畫或電影，用七個關鍵情節來呈現整體故事。

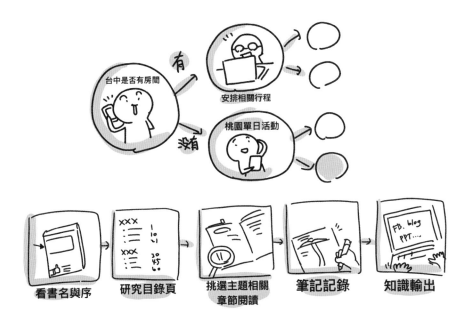

6. Why為什麼，最重要也最難呈現的訊息

人類資訊瀏覽的順序最後也最抽象的正是為什麼這個階段，當要對他人表達「為什麼」的訊息時，我們通常會引經據典，用案例故事搭配道理分享，但效果往往不如以下三種公式來得有效。

變化公式

如同前面介紹過的變化圖，透過左右各一張圖，加上中間箭頭的呈現，表達痛點→期待、過去→未來、問題→解答等變化。

數學公式

將過去在數學課學到的加減乘除，運用在抽象概念。比如《內在原力》作者提到的成功方程式，是由［熱情×優勢×態度（正或負）×槓桿］×遮罩所組成，讓原本虛無飄渺的成功觀念有了具體的參考，同時也能快速了解彼此間的關鍵與各自扮演的角色。

○×公式

善用對比加上○×，可以迅速呈現你想表達的內容，比如成長型思維與固定型思維的差異，透過兩張圖像搭配○×就讓人秒懂，或是《無限賽局》書中提到有限與無限賽局的各自不同，便可像下圖筆記般，應用對比形式來表現。

変化公式

OX公式

固定型思維　成長型思維

數學公式

熱情　優勢　態度　槓桿　遮罩

↑ 變化公式、數學公式、○╳公式運用示範

↑《無限賽局》閱讀筆記

挑戰看看

● 請用變化公式，表達你為何想買這本書？

● 請用數學公式，畫出你認為的成功筆記方程式。

● 請用○╳公式，圖解「好的圖像要能啟發觀點、澄清混亂、帶來思考」
這句話。

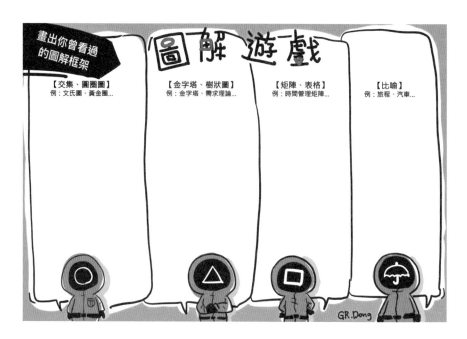

⬆ 可以結合時事、熟悉的主題設計情境元素與分類框架，
比如以魷魚遊戲為發想的視覺模板。

文章篇：視覺模板設計全揭密

從一開始介紹常見的畫圖迷思、圖像思維的正確觀念原則，搭配著視覺筆記模板，按照D（對象與目的）、R（提取與關聯）、A（架構語文轉圖），很快即將來到最後的W（輸出形式與應用）。或許你會好奇，這個流程是否可以跳著做或者合併進行，答案是可以，正是這個單元要介紹的視覺模板。

視覺模板筆記就是一種運用圖像搭配文字與模板，進行思考、溝通、表達的思維模式，這裡的模板是一種輸出框架。在這個單元中，我會更詳細地拆解模板的組成要素與設計流程。

仔細回想你會發現，模板在我們生活中無所不在，當一件事經過多次嘗試累積經驗與方法後，就能形成模組讓我們複製、練習、修正，而把這些模組具像化的形式正是模板。如同商業模式中的九宮格、設計思考的顧客分析、服務管理的顧客旅程、策略分析的SWOT等，這些表格與框架都擁有清楚的資訊邏輯與關鍵思考面向，但比較偏向理性思考。

這時若能加上圖像就能創造出一些感性元素，如果再加上「視覺比喻」呢？那麼這個模板就不只是吸睛，還能兼顧理性思考、感性共鳴，接下來就用我最愛的擬人化，來拆解「視覺模板小將」有哪些組合要素與設計步驟吧！

1. 視覺模板小將出發！模板的組成元素

首先看看模板小將最重要的頭部代表什麼？目的。也就是這模板設計出來要用來幹嘛？我先說視覺模板常見的應用情境相當多元，包含個人筆記、學習單、教材、會議討論、課程培訓的引導畫布、賀卡、讀書會、銷售、簡報企畫、人生規畫等等，但無論是什麼場合情境，原則上都不出以下四大目的，也是視覺引導核心的四要素。

↑ 模板的組成元素：視覺模板小將

模板小將頭部＝目的

1. 想像

透過模板幫助觀眾或參與者想像，最常搭配情境圖像，讓他們立刻聯想到跟這主題相關的經驗，或藉由模板換位來想像該角色的痛點、期待、任務。

● 自己或他人遭遇的挑戰、問題、痛點與期待未來結果與任務。

● 這主題和他們的關係？如何參與？對他們有什麼好處？我扮演的角色是什麼？

● 主題內容是什麼？有哪些面向？步驟流程為何？我會學到什麼？

● 我可以做什麼？怎麼做？這主題的重要性？

● 我為什麼要做這件事？為什麼要學習這主題？

2. 投入

你在製作筆記時投入嗎？你希望透過視覺模板能讓讀者投入你的閱讀心得，或者讓同仁更積極參與會議討論嗎？如何讓人投入？除了上述想像提到的方法外，你還可以這麼做：

拆解內容：

一整個蛋糕要馬上吃完似乎不太可能，但如果切成許多小塊，一口一口慢慢吃，就能做得到。視覺模板也是一樣，每個項目各自搭配的框可以資訊拆

解成許多小格，讓難度降低，提升閱讀者參與意願。

步驟指引：

雖然拆解了內容，但項目眾多容易眼花撩亂不知從何著手，這時「步驟」就很重要，就像這本書帶著大家逐步完成視覺筆記模板，從簽名到目標、問題設定，接續完成內容，便於讀者上手。

有趣好玩：

如何讓資訊變得好玩？首先試著加上「人像組合包」吧！尤其是把自己畫進這份筆記能讓連結更強，更有趣。接著是「設計互動」，無論對象是個人還是多人，視覺模板都可以加入像是圈選、塗色、連線、投票等多元互動方式，提升投入效果。

3. 思考

從抽象思考到具像思考是一個思考點，第二個思考點是思維面向。舉例來說我們都熟悉時間管理，但怎麼安排？如何分類？沒有參考架構或許很難執行。美國總統艾森豪提出時間管理矩陣，將所有事物用重要、不重要，以及緊急、不緊急交織的矩陣圖，分為四大類並提出各自對應的方法。如此一來，時間管理這件事的思考就不再是霧裡看花，而是有跡可循的。要如何累積這些思維？說穿了還真沒什麼特別厲害的捷徑，就是從生活找問題，從書本找答案，用圖解框架來重構答案，讓它成為模板，提供你持續使用、修正、創新。

4. 行動

做完筆記，然後呢？一場課程結束，然後呢？回到視覺筆記模板的那條路徑，我寫了三個微行動，就是作為後續行動的設計。很多時候我們學習知識、討論交流資訊、發想提案，如果只是停留在記錄得非常精采吸睛好理解，只能算完成一半。這些資訊要如何使用、應用的行動設計往往被忽略，流於條列式報告或單純心得抒發，實在非常可惜。

以終為始，筆記的目標如果是設計一堂課程教案，那麼就把課程的主要流程、目標等項目列出。下圖是我參加了培祐與越翔兩位老師合開的「即刻吸睛」課程後製作的課程規畫模板，搭配相關的原則、提醒、參考，讓自己有效吸收，從知道走到做到，達到學以致用的效果。

↑ 針對「即刻吸睛」課程設計的課程規畫模板

模板小將身體軀幹＝資訊架構

視覺模板無論你所選擇的目的為何，最終都會以圖文資訊記錄與傳達的形式作呈現，既然如此「容易閱讀」就很重要，也呼應到Chapter 4的視覺筆記架構，這裡分享我自己在設計模板常用的三種資訊架構。

1. 流程

只要是跟時間、順序、步驟有關的資訊主題，都是用這樣的架構來

設計模板，常見於課程地圖、會議流程、工作坊流程、閱讀筆記、行動計畫、年度規畫、旅遊計畫、自傳故事、主題技術步驟、簡報企畫等主題使用，這樣的模板有個比較明確的動線或閱讀順序，搭配周圍的圖文欄位來做設計。

2. 類別

這種類型的模板設計最簡單，想像眼前出現一張有五個題目的考卷，我們用圖像搭配框的形式來呈現這五題的內容，讓應考者進行填答，這是最陽春的模板設計方式，效果也最差（因為少了視覺比喻，圖像只是裝飾），但若

能善用以下類型架構設計，就不會有冷冰冰在考試的感覺了。

主題中心式：

也就是這模板有一個主題中心圖為視覺焦點，可能是一個人、一輛車、一艘船、火箭、情境圖、桌遊海盜桶，周圍再放置各類別關鍵字與圖像。

↑ 以汽車或海盜桶做主題的模板

清單類型式：

這種類型會用標題框呈現清楚主題，比較工整運用框架來區隔各類別資訊避免混淆，比如漫畫美食獵人的美食清單，有各類別的料理欄位搭配圖像呈現；黃金圈的三個面向、推薦的七位名人金句、年度推薦好書等。

3. 階層

就像金字塔圖呈現的資訊層級，可以用登山、大樹成長、火箭升空、階梯、角色進化等比喻來呈現。

模板小將雙手＝圖像、文字元素

1. 圖像

情境圖、主題圖、各欄位輔助圖、特效強化圖、動線圖。

2. 框

標題、各欄位框。

3. 文字

各欄位關鍵字、標題字呈現。

4. 人像

模板小將雙腳立足點＝情境比喻

如果只有理性邏輯架構加上圖像裝飾，這樣的模板成效其實不高，只有結合了情境、視覺比喻才能讓模板有立足之地，發揮最大效果。

挑戰看看

透過下圖的視覺模板元素表，從目的、架構、圖像與情境比喻，動手連連看，可能因此看見不同的創意與想法喔！

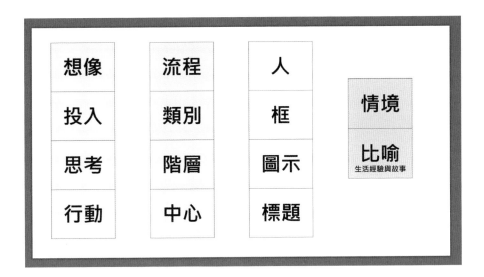

2. 視覺模板的設計步驟

視覺模板如何設計，以下整理了七個步驟，第一到第四步驟基本上就是「視覺比喻」的設計過程，由此可見比喻對於視覺模板的重要。

❶ 設定對象與目的。

❷ 決定資訊主題與架構。

❸ 搜尋視覺比喻與元素。

❹ 連結比喻元素與資訊內容。

❺ 放上標題與次標題。

❻ 加框與圖。

❼ 檢視與重點強化。

舉個例子來說，因為疫情的關係中秋節無法群聚烤肉，所以我靈機一動想到，來畫張跟烤肉有關的中秋賀圖好了！

設定對象與目的

對象是網路民眾、身邊朋友，目的是祝福中秋節快樂，並且希望透過它，達成「讓大家動動腦想一想」的效果。

要讓大家想什麼呢？我想透過這模板來探討學習這件事。架構部分我選擇最簡單入手的類別架構，就是單純想幾個題目結合中秋節比喻，與大家互動。

想到中秋節你會想到什麼？我鎖定「烤肉」。主題中心圖就以第一人稱視角進行烤肉，中間圖是烤肉架，兩旁是左右手，上方因為要賞月所以放上月亮，這時問題來了。

● 雙手要拿什麼？

● 烤肉架上要放什麼？

當然你可以畫上喜歡吃的食物等，但在模板中的所有圖像都有其意義。回想過往的烤肉經驗，動手通常在幹嘛？於是我挑選了兩件事，分別是「夾食材」與「刷烤肉醬」。食材我選了三種，分別是常見快熟的烤肉串、自己愛吃的烤魷魚，還有很難熟又容易焦的豆干（你發現了嗎？這三個食材前面都有個形容詞，這是我連結資訊主題的線索）。

烤肉夾

因為動作是把食材夾起來，所以我連結到「輸出方式」。

烤肉醬

為了讓食材變好吃，我連結到「學習調味劑」。

食材

統一設定為今年學習的主題或收穫，用三種食材來表達不同類型的學習特性與狀態。

常見快熟的烤肉串

今年快速學會的大眾知識。

我愛吃的烤魷魚

自己的興趣、專業的學習。

很難熟又容易焦的豆干

有哪些學習主題很難立刻看到成效或應用的？

月亮

自然就代表學習目標囉！

放上標題與次標題

有了這些聯想，便可以將學習主題搭配標題框呈現，把各面向的題目以關鍵字表示。

加框與圖

畫出主題中心圖，並於各面向的題目搭配圖像與框表示。

模板重點強調與修正

檢視模板目的，確認內容的視覺層次、動線是否方便閱讀，以及容易讓人理解及進行思考、填寫、創作。

↑ 以中秋節為主題設計的模板

3. 視覺模板助你成為拆解知識的高手

　　面對學習，我們可以想像成一棟棟知識建築物，差別只在高塔、城堡、平房、遊樂園等結構不同。製作筆記的目的不在於把這些建築物全都收為己用（說實話也做不到），那麼作筆記要幹嘛？當然是化身為知識建築師，每當看到一棟知識建築，立刻找到你要的建材，然後建造屬於自己的「知識帝國」，而這個理解、拆解、重構的過程，正是透過設計視覺模板來達成的。

　　每一份模板就像是你的建築藍圖，讓你面對知識高塔時，更能迅速拆解，找到需要的材料，而非被這些建築物嚇到，跟著他們的外型蓋出一模一樣的建築喔。

↑ 拆解各種知識高塔，建構出屬於自己的知識帝國

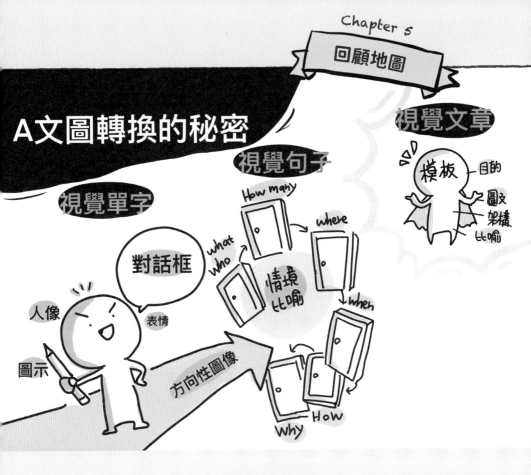

A文圖轉換的秘密

回顧練習

● 請用人像、表情、對話框畫出你難忘的旅遊回憶。

_____

● 請用心情曲線圖畫出你今年的心情起伏、經歷。

_____

● 請用5W2H來圖解一則新聞。

_____

● 請說出視覺模板的四種主要目的？哪個對你來說最重要呢？

_____

● 對於中秋節的烤肉視覺模板，你覺得除了學習主題之外，還能討論什麼？

_____

CHAPTER
6

視覺筆記的實踐

1 我在視覺筆記實踐過程的慘痛教訓與蛻變

哇！我們終於來到視覺模板筆記法的最後一個階段，也就是筆記的多種應用與形式，首先，我想先談談我自己在實踐視覺筆記的兩個故事。

量變帶來的質變

時間拉回2019年，我從上海參加完Tim辦理的兩日視覺記錄引導工作坊，回到台灣我滿腔熱血地立刻設下一個「一年一百張視覺筆記」的自我挑戰目標。很感謝蔡巨鵬老師推動的一百天改變計畫，當時臉書上有不少網友持續分享各自的挑戰進度，確實帶給我不少堅持下去的動力。

終於我在2019年11月底完成了一百張視覺筆記挑戰，當下真是滿滿的成就感，不過一段時間後，我赫然發現，這些筆記似乎僅成為美好回憶與收藏的作品，真心覺得難用！

當時的我完全沒有知識管理、分類、輸出效益最大化的概念，傻傻地為了衝一個一百張的里程碑，儘管這些數量的累積讓我在製作視覺筆記的技術面上有了更扎實的成長，甚至因此讓自己被更多人看見。但很多人不知道的是，當時的我內心真的覺得很空虛不實在，因為這些筆記的知識仍然停留在知道，而沒有轉化為真正幫助我帶來改變的「做到」。

美化版的目錄，圖像版的說書人

當時我透過網路分享書籍、演講、直播等資訊內容的視覺筆記，累積了一些影響力，讓我因此受邀到學校、企業進行演講與授課（真心感謝），但臉書上的按讚數、分享數、觸及率、網友的留言漸漸讓我忘記了做視覺筆記的初衷。我開始把網友視為製作視覺筆記的服務對象，我的筆記圖像越來越精采、架構也越來越多變化，直到有天一位臉友傳了封私訊給我：「奕霖，我

覺得你最近的筆記越來越精采，不過似乎也越來越少你自己的想法、風格，看完筆記我只記得作者好棒棒，我要來買他們的書來看，但筆記是誰做的，我反而沒什麼印象！」當下我陷入一陣沉思，很感謝當時這位網友給我的當頭棒喝。

看到這裡你就知道，為何在R提取重點階段，我特別提出內、外部資訊這兩個環節，畢竟這是我從曾經踩過的坑獲得的慘痛心得。

當下，我問了自己兩個問題。

❶ 視覺筆記對我來說到底是什麼？我想要怎麼使用它？

❷ 當初我為什麼想要分享視覺筆記？我的願景、理想畫面是什麼？

從小喜歡畫圖，出社會後因緣際會認識到視覺筆記就開始畫筆記，慢慢地有了點累積與影響力，就更賣力畫，這過程看起來順其自然，甚至有些理所當然，卻陷入了一個關鍵的盲點：「缺乏思考」。所以我在2019年創辦了臉書社團「塗鴉吧！用視覺筆記翻轉你的人生」，最核心的初衷就是提醒自己，**視覺筆記是幫助自我成長，打造理想人生的方式**。不過翻轉人生這口號大家都會喊，如何具體做到，我用階層圖來分為三個層次。

養成筆記的習慣

所有的反思、成長、改變絕非一夕之間，我們時常過度放大單一或短時間的效果，而忽略了日積月累的複利力量。短時間大幅變化往往在卡通裡才會出現，主角喊個幾聲就會進化成賽亞人，如果換成我們，喊個幾聲只會出現鄰居報警抓人。所以關鍵的第一步就是建立持續記錄的習慣，我個人偏好手寫筆記，一來是手寫能幫助專注，二來手寫受限於時間與難度（手會痠，字不會寫要想），反而會強迫自己篩選資訊。但光是持續記錄還不夠，想想我從國一開始累積到現在的日記習慣，因為缺少了關鍵環節，這些日記通常只停留在「美好回憶」＋「提升日常觀察力」，關鍵環節正是「思考」。

學會圖解思考，透過反思、自我對話來改變思維

沒錯！沒有思考，紀錄只是記錄，這點透過我前幾年買的「三年日記本」特別有感，這本日記本裡可以清楚看到三年間同一天你所寫下的紀錄，尷尬的是，我發現三年前的困擾問題，三年後還是出現！儘管換了不同工作、同

事、產業，問題仍重複出現。這正代表過去的筆記方式錯了，思考自己背後的想法、問題發生的原因、未來如何調整、分析他人做得好的地方等，才能真正帶來幫助。

理想人生，想得出來才有機會實現

常聽到有人說：「成功者先相信再看見，普通人先看見再相信。」抱歉我是普通人，我的腦中如果看不見畫面，真的很難相信並提起動力去執行。有個廣告經典台詞說：「想像力是我們的超能力。」過去我們都把它限縮在美術創作上，自從接觸視覺記錄，甚至更大的圖像思維面向後，我反而覺得想像力往往是限制，因為當我們不敢想像時，也就斷絕了所有可能。

就像當時我壓根沒想過自己會成為講師出來創業，因此受困於日復一日的工作，十分痛苦。直到後來接觸到設計思考，特別是《做自己的生命設計師》這本書，打開了我對畫圖的想像，原來！畫圖不僅僅幫助我們吸收、理解知識、有效溝通表達，更重要的能力是描繪設計出理想人生，所以我把它放在最高的階段，因為沒有第二層的圖解思考與最底層的持續記錄，人生藍圖也只是痴人說夢，無法實現。

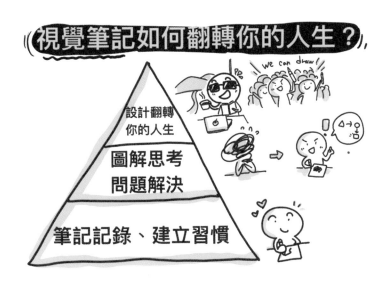

⬆ 用階層圖呈現視覺筆記翻轉人生的三個階段

好啦！目標在前方，還得要有具體的路線才能抵達，這條路徑又是什麼呢？我左思右想，包含如何在做完筆記後有效分類、做日後的主題分析，同時又能真正幫助自己學以致用、有所改變，還有還有，讀完一本書除了自我成長，還是希望能轉換成網路傳播方便的視覺筆記，幫助更多人……

我把腦中所有的需求、想法都在紙上寫下來，並挑選其中最關鍵的幾個重點，就有了項目。但一篇筆記還是要有主要架構，我腦中浮現一個畫面，就是動漫主角的冒險故事。每一次冒險旅程都會解決一些問題、結識新朋友、經驗值提升、獲得新技能，突然間！我想到了「旅程圖」這個在歐美視覺圈經常使用的模板，前前後後經歷多次改版，才設計出目前的這個視覺模板（未來也還是會依照需求不斷調整更新，這正是圖像筆記的優勢與魅力）。

這個模板是以「自己使用」為前提進行設計，目前我的使用流程大致分為以下步驟，大家可以參考或自行調整項目欄位主題喔！

❶ 寫上簽名、日期、資訊分享者與主題名稱，建立儀式感。

❷ 寫上筆記分類標籤。

❸ 畫出筆記對象及資訊分享者。

❹ 3O目標設定與3Q問題發想。

❺ 記錄外部資訊（概念觀點、知識技能）＋內部資訊（想法與經驗）。

❻ 一句話歸納總結結論。

❼ 篩選有共鳴的分享者金句。

❽ 寫下三件微行動，可把任務寫在便利貼上，完成後丟掉。

❾ 筆記歸檔分類，進行後續產出，包含簡報製作、平板繪製對外的視覺筆記、專欄文章、電子報等。

❿ 每月定期進行主題式回顧，比如將閱讀技巧類的筆記拿出來複習，並產出文章來輸出統整。

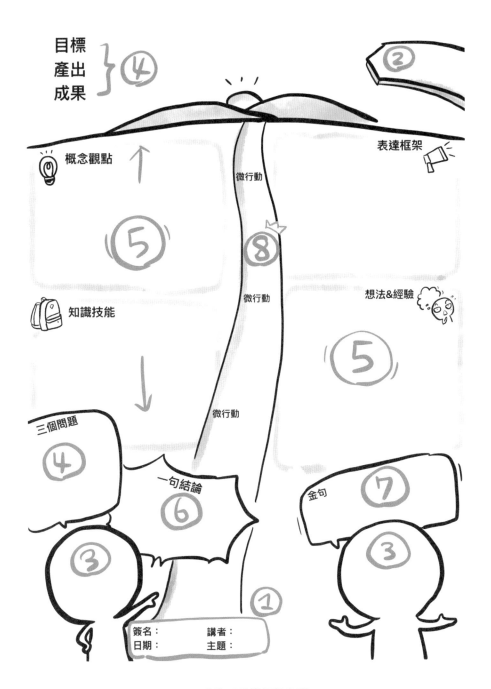

↑ 我的視覺模板與步驟

2 常見的知識圖解形式，以及你該追蹤的神人

這個視覺筆記模板經過我無數測試與調整，真的超好用，因為它等同於建立一個知識體系，可以幫助我跨越書籍既有的框架、演講者的分享大綱脈絡，每個面向都是我需要的產出需求，並可做後續延伸，比如：

結論

強迫自己產出觀點心得，無論是貼文、寫作都有核心內容。

金句

包含我日常的金句卡、簡報或筆記都能放上幾句作者、講者的金句。

問題

這點特別重要，因為列出想解決的問題，不僅更有方向去閱讀，也能連結到三個行動具體實踐，還可以延伸出情境圖，成為知識的舉例教材、閱讀文章有情境圖也更容易產生共鳴。

概念觀點

知識技能，就是乾貨的收集，不僅是我的教材素材庫，也是文章分享給網友們的重要實用資料。

自己的經驗與想法

學以致用的關鍵是讓知識長在自己身上，這區塊在平板製作筆記時能描繪出情境，同樣的也是超棒的獨家教材，作為簡報、文章、電子報都非常好用。

看到這，你會發現當初困擾我的兩大問題似乎都已有了答案。有了視覺筆記翻轉人生的三階段架構，搭配著筆記模板，可以幫助我更有效吸收與輸出，也大幅降低大家首次接觸視覺筆記的難度（是的，有了這個模板，大家可以省下最耗時且燒腦的架構、構圖環節），藉此建構你的知識體系，看到這你也許會想：「老師，我也想像你一樣做完筆記後對外表達，但我不會用

平板畫這麼厲害的視覺筆記怎麼辦？」

接下來就讓我將分享幾種知識圖解輸出的形式，並介紹幾位該領域中的高手來給大家認識吧！（記得追蹤起來喔）。

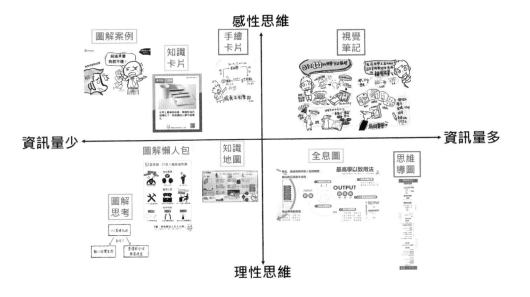

↑ 知識圖解輸出形式的矩陣圖

常有人詢問關於知識圖解輸出的形式有哪些？我會透過上面這個矩陣圖來跟大家介紹，不過必須說，每種形式的變化非常多，這是我自己習慣使用的分類，不代表標準答案喔！

首先我們快速以理性及感性思維來區分，也就是你想傳遞的資訊以哪種思維為主軸，這也會跟觀眾對象、傳播目的等條件有關，比如在嚴謹的辦公場景跟老闆們報告，這時你呈現視覺筆記就尷尬了；但如果今天是一場讀書會的分享，你用自己的讀書心得視覺筆記來做短講分享，效果就相當好，既可吸睛還能將筆記部分內容挖空讓大家來填空共創。

第二個座標是以傳遞資訊的多寡來衡量，如此一來我們就可以區分為四大象限：

感性思維、資訊量多

視覺筆記

包含了視覺記錄、視覺模板筆記、平板繪製筆記等，不過手寫資訊量終究比不上電腦輸出的圖解形式，但相對其他手繪的圖解類型，以單張圖來看，視覺筆記的資訊是相對較多的。如下圖是針對美國引導協會線上關於《變革》系列主題論壇的筆記，包含知識點、案例、金句、線上參與者的意見等，同步記錄與互動。

感性思維、資訊量少

手繪卡片

因應很多朋友用手機瀏覽社群媒體的習慣，一張視覺筆記確實在閱讀上會有些吃力（必須用手指放大來看，削減了讀者動力）。為了更容易閱讀，也希望之後做為教材的素材使用性更高，我會針對一些知識點、案例故事，以

一張圖一重點的方式呈現，也可以視為手繪簡報的一種形式，下圖與大家分享商業思維學院院長游舒帆老師在書粉聯盟分享時，我以十二張手繪卡片記錄整理，還可以看見我們社團前身的名稱「塗鴉丼」呢！

知識卡片

　　你曾聽過知識卡片嗎？我第一次是從「圖言卡語」台灣分社社長Ivy臉書分享看見的，也因此好奇報名了小小sha老師的「圖言卡語思維導圖與知識卡片課程」。如果說視覺筆記打開了我對畫圖應用的視野，那麼這堂課便是讓我澈底對習以為常的PPT軟體有了大幅的改觀，過去真的小看它了。我之所以把它列在感性思維區塊，是我個人比較偏好使用的方法，因為單純的理論邏輯圖像看起來比較難吸引我的注意（抱歉我是視覺偏好重度患者），所以像下面這張《地方創生》一書閱讀筆記，我便嘗試用知識卡片形式整理呈現書中的案例與發展脈絡，並加上ICON圖與相關圖像輔助理解。

一、事業項目的選擇

知識料理人 Dong

Q1吉祥物
=經濟效果?

#重點是地方經濟的改善,非吉祥物。
#吉祥物冠軍然後呢?
#政府主導活動不用期待。

Q2特產

Q3品牌
加上地方=大賣?

#更重要的是
提升附加價值。

#真正想賣,先跑業務。
1.商品模仿X跟流行=成功?
2.原料本身(因為地方所以好?)
3.新技術=大賣?

【兩大陷阱】

1.本身平凡的地方和商品不
　適合品牌化。
2.顧問只會創造無辨識度的品牌。

外界批評　　政府青睞

評審意見

Q5提案
競賽

Q4商品
優惠券

#依賴外力的點
子不會順利。

#準備突出個性
的商品才是王道。

Q6官方
成功案例

自己傳播情
報創造利益

惡夢開始?

源 | 地方創生 木下齊

如果想進一步了解知識卡片，推薦兩位高手給大家認識。

圖言卡語 台灣分社社長Ivy	艾咪老師的 感性圖卡說

知識圖解

對於案例情境為主的資訊，在視覺筆記的主體架構分配下，往往能呈現的訊息會比較簡化，這時就可以採用知識圖解的形式。像是《相親相愛不簡單》這本親子教養書，裡面有很多案例故事，作者並從中分享相對的原則與建議，用文字很難記錄，或是可能只記錄下原則與關鍵字，過段時間回頭來看卻不明所以。這時就讓人像組合包登場吧！當然你不用像我一樣把表情畫得這麼誇張，但透過表情的確可以讓這類型的書籍知識與自己或閱讀者產生更強烈的連結。

如果你對於知識圖解的學習感興趣，推薦三位高手給大家認識。

運用ICON圖的高效溝通講師張忘形，也推薦其著作《忘形流簡報思考術》。 	陳沛孺的 漫畫知識萃取術 	Yoshi.Graphics 圖像視覺化

理性思維、資訊量多

思維導圖

在台灣一般稱為心智圖，主要使用XMind軟體來整理製作。目前我自己的使用方式是作為個人知識管理的大綱，包含課程架構、書籍大綱、工作坊發展策略規畫等，內部使用居多，對外發表傳遞較少。因為個人覺得文字量太大，電腦打字雖快，但我自己不太會回頭去看，至於為何做出右頁這麼一長條的圖，則是為了呼應主要閱讀者手機瀏覽的需求。

全息圖

關於全息圖的應用，我首推劉奕酉，大家除了可以追蹤老師的粉專、部落格之外，更可以參考《高產出的本事》一書，提到各種知識圖解的形式要看場合來選擇。職場中視覺筆記的應用除了在教學、培訓的引導互動與簡報教材外，關於工作報告、企畫提案等場景，視覺筆記大多還是以草圖建構為主要使用階段。可別小看這步驟，當你腦中沒有架構，直接面對電腦使用PPT來進行圖解，你的效率會超級慢，甚至做出來的成果不僅顯現不出專業，甚至連看懂都有困難。所以在視覺筆記章節的構圖、三元素（標題、畫圖組與視覺動線）、視覺層次這三個面向的內容，就可以製作全息圖（或稱為一張紙的整理）派上用場。

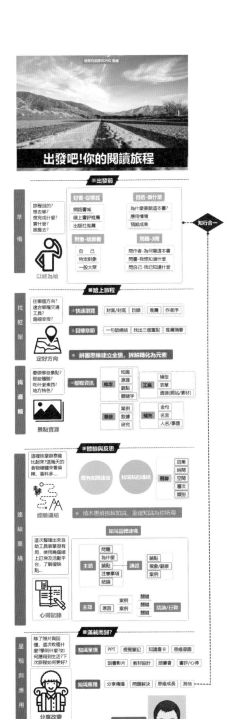

出發吧!你的閱讀旅程

理性思維、資訊量少

對比全息圖，加入較多圖像元素的呈現方式我稱為知識地圖，其實視覺筆記就是一種知識地圖的形式，主要功能在於掌握知識的整體架構與大綱項目，像是我閱讀了洪震宇老師的《風土經濟學》後，由於書中有很多台灣在地的故事案例，所以便搭配著圖片與ICON圖來作筆記呈現。

提到懶人包，第一個想到的就是林長揚老師，擅長針對社會議題、時事、專業等各項主題，以方便閱讀、好懂、好傳播的形式做分享，有興趣的伙伴可以參考長揚老師的《懶人圖解簡報術》一書。我自己也曾經在教學時，針對初接觸視覺筆記的同學們，用類似懶人包的簡單架構，練習抓出重點、關鍵字連結對應圖像，設計標題與結論，是個相對容易但很關鍵的過程。下圖是我參加企業講師聯誼會，其中許朱勝老師談到「領導者的角色與視野」這個主題，我所做的筆記，混搭手繪圖與ICON圖，大家也可以感受一下其中的差異。

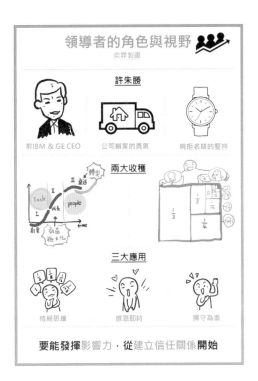

　　最後總結一下，記得選擇一個你喜歡的知識圖解輸出形式，重點是你很喜歡的形式喔！因為喜歡才會持續，持續才會產生更大的力量與成長！然後最重要的是，再用幫助過自己的知識來幫助別人，與你共勉，期待我們都能成為樂於分享，樂於用知識助人的人。

國家圖書館出版品預行編目資料

塗鴉吧！用視覺模板翻轉人生：6種框架x4個步驟，
學習、工作、時間管理全搞定/邱奕霖 著. -- 初版.
-- 臺北市：圓神出版社有限公司，2022.03
240面；15.5×23公分（圓神文叢；310）

ISBN 978-986-133-814-9（平裝）

1.CST：筆記法　2.CST：圖表　3.CST：成功法

494.4　　　　　　　　　　　　　　　110022706

圓神出版事業機構　　圓神出版社
Eurasian Publishing Group　　Eurasian Press

www.booklife.com.tw　　　　　reader@mail.eurasian.com.tw

圓神文叢　310

塗鴉吧！用視覺模板翻轉人生：
6種框架x4個步驟，學習、工作、時間管理全搞定

作　　　者／邱奕霖
發 行 人／簡志忠
出 版 者／圓神出版社有限公司
地　　　址／臺北市南京東路四段50號6樓之1
電　　　話／（02）2579-6600‧2579-8800‧2570-3939
傳　　　真／（02）2579-0338‧2577-3220‧2570-3636
總 編 輯／陳秋月
主　　　編／賴真真
專案企畫／尉遲佩文
責任編輯／吳靜怡
校　　　對／吳靜怡‧林振宏
美術編輯／蔡惠如
行銷企畫／陳禹伶‧朱智琳
印務統籌／劉鳳剛‧高榮祥
監　　　印／高榮祥
排　　　版／杜易蓉
經 銷 商／叩應股份有限公司
郵撥帳號／18707239
法律顧問／圓神出版事業機構法律顧問　蕭雄淋律師
印　　　刷／國碩印前科技股份有限公司
2022年3月　初版
2024年7月　4刷

定價370元　　　　ISBN 978-986-133-814-9